周期　表

10	11	12	13	14	15	16	17	18	族 / 周期
								4.003 2**He** ヘリウム $1s^2$ 24.59	**1**
			10.81 5**B** ホウ素 $[He]2s^2p^1$ 8.30　2.0	12.01 6**C** 炭素 $[He]2s^2p^2$ 11.26　2.5	14.01 7**N** 窒素 $[He]2s^2p^3$ 14.53　3.0	16.00 8**O** 酸素 $[He]2s^2p^4$ 13.62　3.5	19.00 9**F** フッ素 $[He]2s^2p^5$ 17.42　4.0	20.18 10**Ne** ネオン $[He]2s^2p^6$ 21.56	**2**
			26.98 13**Al** アルミニウム $[Ne]3s^2p^1$ 5.99　1.5	28.09 14**Si** ケイ素 $[Ne]3s^2p^2$ 8.15　1.8	30.97 15**P** リン $[Ne]3s^2p^3$ 10.49　2.1	32.07 16**S** 硫黄 $[Ne]3s^2p^4$ 10.36　2.5	35.45 17**Cl** 塩素 $[Ne]3s^2p^5$ 12.97　3.0	39.95 18**Ar** アルゴン $[Ne]3s^2p^6$ 15.76	**3**
58.69 28**Ni** ニッケル $[Ar]3d^84s^2$ 7.64　1.8	63.55 29**Cu** 銅 $[Ar]3d^{10}4s^1$ 7.73　1.9	65.38 30**Zn** 亜鉛 $[Ar]3d^{10}4s^2$ 9.39　1.6	69.72 31**Ga** ガリウム $[Ar]3d^{10}4s^2p^1$ 6.00　1.6	72.63 32**Ge** ゲルマニウム $[Ar]3d^{10}4s^2p^2$ 7.90　1.8	74.92 33**As** ヒ素 $[Ar]3d^{10}4s^2p^3$ 9.81　2.0	78.97 34**Se** セレン $[Ar]3d^{10}4s^2p^4$ 9.75　2.4	79.90 35**Br** 臭素 $[Ar]3d^{10}4s^2p^5$ 11.81　2.8	83.80 36**Kr** クリプトン $[Ar]3d^{10}4s^2p^6$ 14.00　3.0	**4**
106.4 46**Pd** パラジウム $[Kr]4d^{10}$ 8.34　2.2	107.9 47**Ag** 銀 $[Kr]4d^{10}5s^1$ 7.58　1.9	112.4 48**Cd** カドミウム $[Kr]4d^{10}5s^2$ 8.99　1.7	114.8 49**In** インジウム $[Kr]4d^{10}5s^2p^1$ 5.79　1.7	118.7 50**Sn** スズ $[Kr]4d^{10}5s^2p^2$ 7.34　1.8	121.8 51**Sb** アンチモン $[Kr]4d^{10}5s^2p^3$ 8.64　1.9	127.6 52**Te** テルル $[Kr]4d^{10}5s^2p^4$ 9.01　2.1	126.9 53**I** ヨウ素 $[Kr]4d^{10}5s^2p^5$ 10.45　2.5	131.3 54**Xe** キセノン $[Kr]4d^{10}5s^2p^6$ 12.13　2.7	**5**
195.1 78**Pt** 白金 $[Xe]4f^{14}5d^9 6s^1$ 8.61　2.2	197.0 79**Au** 金 $[Xe]4f^{14}5d^{10}6s^1$ 9.23　2.4	200.6 80**Hg** 水銀 $[Xe]4f^{14}5d^{10}6s^2$ 10.44　1.9	204.4 81**Tl** タリウム $[Xe]4f^{14}5d^{10}6s^2p^1$ 6.11　1.8	207.2 82**Pb** 鉛 $[Xe]4f^{14}5d^{10}6s^2p^2$ 7.42　1.8	209.0 83**Bi** ビスマス $[Xe]4f^{14}5d^{10}6s^2p^3$ 7.29　1.9	(210) 84**Po** ポロニウム $[Xe]4f^{14}5d^{10}6s^2p^4$ 8.42　2.0	(210) 85**At** アスタチン $[Xe]4f^{14}5d^{10}6s^2p^5$ 9.5　2.2	(222) 86**Rn** ラドン $[Xe]4f^{14}5d^{10}6s^2p^6$ 10.75	**6**
(281) 110**Ds** ダームスタチウム $[Rn]5f^{14}6d^9 7s^1$	(280) 111**Rg** レントゲニウム $[Rn]5f^{14}6d^{10}7s^1$	(285) 112**Cn** コペルニシウム $[Rn]5f^{14}6d^{10}7s^2$	(278) 113**Nh** ニホニウム $[Rn]5f^{14}6d^{10}7s^2p^1$	(289) 114**Fl** フレロビウム $[Rn]5f^{14}6d^{10}7s^2p^2$	(289) 115**Mc** モスコビウム $[Rn]5f^{14}6d^{10}7s^2p^3$	(293) 116**Lv** リバモリウム $[Rn]5f^{14}6d^{10}7s^2p^4$	(293) 117**Ts** テネシン $[Rn]5f^{14}6d^{10}7s^2p^5$	(294) 118**Og** オガネソン $[Rn]5f^{14}6d^{10}7s^2p^6$	**7**

152.0 63**Eu** ユウロピウム $[Xe]4f^7 6s^2$ 5.67　1.2	157.3 64**Gd** ガドリニウム $[Xe]4f^7 5d^1 6s^2$ 6.15　1.2	158.9 65**Tb** テルビウム $[Xe]4f^9 6s^2$ 5.86　1.2	162.5 66**Dy** ジスプロシウム $[Xe]4f^{10}6s^2$ 5.94　1.2	164.9 67**Ho** ホルミウム $[Xe]4f^{11}6s^2$ 6.02　1.2	167.3 68**Er** エルビウム $[Xe]4f^{12}6s^2$ 6.11　1.2	168.9 69**Tm** ツリウム $[Xe]4f^{13}6s^2$ 6.18　1.2	173.0 70**Yb** イッテルビウム $[Xe]4f^{14}6s^2$ 6.25　1.1	175.0 71**Lu** ルテチウム $[Xe]4f^{14}5d^1 6s^2$ 5.43　1.2	ランタ ノイド
(243) 95**Am** アメリシウム $[Rn]5f^7 7s^2$ 6.0　1.3	(247) 96**Cm** キュリウム $[Rn]5f^7 6d^1 7s^2$ 6.09　1.3	(247) 97**Bk** バークリウム $[Rn]5f^9 7s^2$ 6.30　1.3	(252) 98**Cf** カリホルニウム $[Rn]5f^{10}7s^2$ 6.30　1.3	(252) 99**Es** アインスタイニウム $[Rn]5f^{11}7s^2$ 6.52　1.3	(257) 100**Fm** フェルミウム $[Rn]5f^{12}7s^2$ 6.64　1.3	(258) 101**Md** メンデレビウム $[Rn]5f^{13}7s^2$ 6.74　1.3	(259) 102**No** ノーベリウム $[Rn]5f^{14}7s^2$ 6.84　1.3	(262) 103**Lr** ローレンシウム $[Rn]5f^{14}6d^1 7s^2$	アクチ ノイド

INTRODUCTION TO CHEMISTRY

大学生のための

やさしい

化学入門

青野貴行
Takayuki Aono

化学同人

ま え が き

　この本は，大学生が高校化学の復習をしつつ，大学で学ぶ化学の基礎を固めることを目的としています．大学入試を突破していても，高校の化学を十分に理解していない大学生は少なくありません．でも，そんな人でも大丈夫です．高校では暗記で済ませていた部分も，根本からしっかり学ぶことで，化学の面白さを実感できるでしょう．そして，物理化学や有機化学，無機化学などの化学系の専門科目はもちろん，その他の学問分野を学ぶうえでも，この本で学んだことが役立つことでしょう．

【本書の構成】

　この本では，第1章で全体を通して重要となる単位や有効数字を確認します．その後は，大きく分けて3つのカテゴリーに分けられます．1つめは原子および分子の構造です(第2〜6章)．高校化学で学んだ内容を，さらに深いところまで理解していきます．有機化学や無機化学を学ぶうえでも重要な知識です．2つめは化学反応と量的関係です(第7〜9章)．化学反応の大半は酸塩基反応と酸化還元反応に分類されます．これらの仕組みを理解することで，ほとんどの化学反応を説明できるようになります．また，物質量や濃度計算もしっかり練習します．3つめは化学平衡です（第12，13章）．化学平衡の考え方は，化学反応の最終結果を予測するときに重要です．化学平衡を理解するうえで必要となる気体(第10章)と化学反応とエネルギー（第11章）についても学びます．

【数学・物理は必要】

　大学の化学を学ぶうえで，数学や物理を使うことは避けて通れません．この本では，特に高校で物理を選択していない人のために，波や圧力，エネルギーといった高校の物理で学ぶ内容も解説しています．苦手意識のある人もいるかもしれませんが，この本でしっかり学んでください．また，関数電卓の使用を想定し，対数値などは与えていません．普段から関数電卓を積極的に使って慣れていきましょう．ただし，大学の講義で本書を使用している場合は，先生の指示に従ってください．

【発展的な内容について】

　この本は必要最低限の内容を確実に理解することを目的としているので，初心者が挫折しやすかったり，煩雑になり過ぎたりする部分はあえて詳細を扱っていません．例えば，波動関数(第2章)，分子軌道(第4章)，反応速度(第12章)，電離平衡の厳密な解き方(第13章)が挙げられます．これらの発展的な内容を学びたい人は，物理化学や分析化学などでさらに深く学習してください．

NEW マークについて

　高校化学では扱われていなかったり，詳しい説明がされていなかったりして，大学で初めて扱う内容が多く含まれる項目に NEW のマークを記しています．

　最後に，この本の企画・出版にご尽力いただいた大林史彦氏，この本の企画を持ちかけてくださった川場直美氏をはじめとする化学同人編集部の皆様に心より感謝申し上げます．

　2023年3月

青野　貴行

やさしい化学入門

目　次

物理量と単位，有効数字

● この章で学ぶこと……………………………
物質の大きさや質量，温度などを正確に比較したり伝えたりするためには，その量を統一された基準のもとで，正しく表記する必要がある．この章では，数値と単位を組み合わせた「物理量」の考え方と正しい表記のしかたを学ぶ．また，有効数字の意味を理解し，数値計算における処理のしかたを学ぶ．

❖ この章の目標 ❖
- □ 物理量が数値と単位の積で表されることを理解し，正しく表記できる
- □ 接頭語を用いた単位の換算ができる
- □ 単位を含めた計算ができる
- □ 有効数字の意味がわかる
- □ 有効数字の桁数を正しく判断できる

1.1 物理量と単位

1.1.1 物理量 NEW

単位のついた量を**物理量**（physical quantity）といい，数値と**単位**（unit）の積で表される．

$$\boxed{\text{物理量 = 数値 × 単位}}$$

ただし，「×」は省略し，数値と単位の間に 1/4 スペースを空けて表す．たとえば，長さ「42.195 km」という距離を表す物理量は，「42.195」という数値と「km」という単位の積であり，次のように表される．

同じ物理量（この場合は距離）でも，単位が異なれば数値も異なる．しかし，数値が異なっていても，同じ物理量を表していれば「＝」で結ぶことができる．

例) 42.195 km = 42195 m

また, 物理量どうしを計算するときには, 数値の計算と同時に単位の計算も行うことができる.

例) 45 km の距離を 3.0 h (3.0 時間)かけて進んだとき, 平均の速さは

$$\frac{45 \, \text{km}}{3.0 \, \text{h}} = \frac{45}{3.0} \times \frac{\text{km}}{\text{h}} = 15 \, \text{km/h}^{*1}$$

*1 単位の割り算の表記は, ──(水平の線), /(斜線), もしくは負の指数を用いる.

$15 \dfrac{\text{km}}{\text{h}}$　$15 \, \text{km/h}$　$15 \, \text{km h}^{-1}$

計算を行うとき, 未知数を文字で置く必要があるときは, 単位を含めた物理量を文字で置くとよい. このとき, 物理量を表す文字はイタリック(斜体)にする. 単位も同時に計算することで, 求めたい物理量の単位も自動的に決まる.

例) 体積が 32 cm³, 高さが 8.0 cm の円柱の底面の面積を S とすると

$$S \times 8.0 \, \text{cm} = 32 \, \text{cm}^3$$

$$S = \frac{32 \, \text{cm}^3}{8.0 \, \text{cm}} = \frac{32}{8.0} \times \frac{\text{cm}^3}{\text{cm}} = 4.0 \, \text{cm}^2$$

例題 1.1

次の(1), (2)を, 単位も含めて計算せよ.

(1) 底面が一辺の長さ 1 cm の正方形で, 高さ 5 cm の四角柱の体積は何 cm³ か.

(2) 質量が 12 g の物体の体積が 10 cm³ のとき, この物体の密度は何 g/cm³ か.

解答　(1) $1 \, \text{cm} \times 1 \, \text{cm} \times 5 \, \text{cm} = 1 \times 1 \times 5 \times \text{cm}^3 = 5 \, \text{cm}^3$

(2) $\dfrac{12 \, \text{g}}{10 \, \text{cm}^3} = \dfrac{12}{10} \times \dfrac{\text{g}}{\text{cm}^3} = 1.2 \, \text{g/cm}^3$

1.1.2　国際単位系(SI) NEW

歴史的に, 国や地域, 目的によって, 異なる単位が使用されてきた. たとえば, 長さの単位にはメートル, フィート, 寸, 海里などがある. しかし自然科学の世界では, 使用する単位が異なると都合が悪いため, 国際度量衡総会で**国際単位系**(System of International Units:SI)が定められている. SI は七つの基本単位から構成される (**表1.1**). また基本単位に加えて, これらを組み合わせて作られる**組立単位**も用いられる (**表1.2**). さらに, SI には含まれないが, 使われている単位もある(**表1.3**).

表1.1　SI 基本単位

物理量	単位記号	名称
長さ	m	メートル
質量	kg	キログラム
時間	s	秒
電流	A	アンペア
熱力学温度	K	ケルビン
物質量	mol	モル
光度	cd	カンデラ

表1.2　SI 組立単位の例

他にもさまざまな組立単位がある.

物理量	単位記号	名称	基本単位による表現
力	N	ニュートン	$m \cdot kg \cdot s^{-2}$
圧力	Pa	パスカル	$N/m^2 = m^{-1} \cdot kg \cdot s^{-2}$
エネルギー	J	ジュール	$N \cdot m = m^2 \cdot kg \cdot s^{-2}$
仕事率	W	ワット	$J/s = m^2 \cdot kg \cdot s^{-3}$
電荷	C	クーロン	$A \cdot s$
電位差	V	ボルト	$J/C = m^2 \cdot kg \cdot s^{-3} \cdot A^{-1}$

1.1.3　接頭語

さまざまなものの量を SI 基本単位や SI 組立単位で表そうとすると，数値が大きすぎたり小さすぎたりすることがよくある．たとえば，地球一周の距離をメートルを用いて表すと，約 400 000 00 m[*2]（$= 4 \times 10^7$ m），C_{60} フラーレンの半径を表すと約 0.000 000 0007 m（$= 7 \times 10^{-10}$ m）などとなり，不便である.

そこで SI 単位は，10 の累乗を表す**接頭語**（metric prefix）を付けて用いる．たとえば，地球一周の距離を km（キロメートル，$= 10^3$ m）単位で表すと約 40 000 km，C_{60} フラーレンの半径を nm（ナノメートル，$= 10^{-9}$ m）単位で表すと約 0.7 nm となり，扱いやすくなる．主な接頭語を**表1.4**に示す．接頭語は単位の直前に，スペースを空けずに記す.

[*2]　桁数の多い数字を表記する際は，読みやすくするために，小数点を基準に 3 桁ごとに空白を設けてもよい．ただし，小数点の前または後の桁数が 4 桁のときは空白を設けない.
（例）75 983.154 652　　　0.7485

表1.3　SI と併用される単位

物理量	単位記号	名称	定義
長さ	Å	オングストローム	$1 Å = 10^{-10}$ m
面積	ha	ヘクタール	1 ha $= 10^4$ m^2
体積	L	リットル	1 L $= 10^{-3}$ m^3
質量	t	トン	1 t $= 10^3$ kg
時間	min	分	1 min $= 60$ s
圧力	atm	気圧	1 atm $= 1.013\,25 \times 10^5$ Pa
	mmHg	ミリメートル水銀柱	760 mmHg $= 1.013 \times 10^5$ Pa
熱量	cal	カロリー	1 cal $= 4.184$ J

表1.4　SI 接頭語

倍数	記号	名称
10^{12}	T	テラ
10^9	G	ギガ
10^6	M	メガ
10^3	k	キロ
10^2	h	ヘクト
10^{-1}	d	デシ
10^{-2}	c	センチ
10^{-3}	m	ミリ
10^{-6}	μ	マイクロ
10^{-9}	n	ナノ
10^{-12}	p	ピコ
10^{-15}	f	フェムト

例) $1\,\mathrm{nm} = 1 \times 10^{-9}\,\mathrm{m}$　　$1\,\mathrm{MHz} = 1 \times 10^6\,\mathrm{Hz}$

$n = 10^{-9}$　　$M = 10^6$

例題 1.2

次の (1) 〜 (3) を（　　）で指定した単位に変換せよ．

(1) $5.4 \times 10^{-10}\,\mathrm{m}$（nm）

(2) $0.012\,\mathrm{mg}$（µg）

(3) $3.0 \times 10^2\,\mathrm{MPa}$（GPa）

解答　(1) $0.54\,\mathrm{nm}$　　(2) $12\,\mathrm{µg}$　　(3) $0.30\,\mathrm{GPa}$

▶▶ 解 説

(1) $5.4 \times 10^{-10}\,\mathrm{m} = 5.4 \times 10^{-1} \times 10^{-9}\,\mathrm{m} = 0.54\,\mathrm{nm}$

(2) $0.012\,\mathrm{mg} = 0.012 \times 10^{-3}\,\mathrm{g} = 12 \times 10^{-6}\,\mathrm{g} = 12\,\mathrm{µg}$

(3) $3.0 \times 10^2\,\mathrm{MPa} = 3.0 \times 10^2 \times 10^6\,\mathrm{Pa} = 0.30 \times 10^0\,\mathrm{Pa} = 0.30\,\mathrm{GPa}$

1.1.4　主な SI 単位の定義

　以下の項では，主な SI 基本単位の定義や特徴を見ていこう．

質量の単位

国際キログラム原器

　質量の SI 基本単位は，単位記号 kg で表される**キログラム**（kilogram）である．もともと 1 kg は，水 1 L あたりの質量として定義されていた．しかし，水の体積は温度や気圧によって変化してしまうため，1889 年からは，白金とイリジウムの合金で作られた**国際キログラム原器**（International Prototype of the Kilogram：IPK）が 1 kg の基準として用いられてきた．

　ところがこの国際キログラム原器も，表面汚染や破損などによって質量が変化してしまうというリスクがあった．そこで 2019 年 5 月，プランク定数を正確に $6.626\,070\,15 \times 10^{-34}\,\mathrm{J\cdot s}$ と定めることで，物質の正確な質量を決めることができる新しい定義に変更された．ただし，プランク定数の決定にはキログラム原器の質量が用いられているため，定義改定の前後で質量の値はほぼ変わらない．

長さの単位

　長さの SI 基本単位は，単位記号 m で表される**メートル**（meter）である．1790 年，赤道から北極点までの距離の $10\,000\,000$ 分の 1 を 1 m とする定義が採用された．しかし，時代が進むにつれて正確な基準が必要となったため，1889 年には，白金とイリジウムの合金で作られた**国際メートル**

原器 (International Prototype of the Meter：IPM) に刻まれた 2 本の線の間の，0 ℃における距離を 1 m とする定義が採用された．

しかし，国際メートル原器には経時変化や破損のリスクがあったため，普遍的な定義が要求されるようになった．そこで 1960 年には，^{86}Kr の橙赤色のスペクトルの波長の 1 650 763.73 倍を 1 m とする定義が採用された．ところが，Kr 原子同士の衝突が原因で，このスペクトルの波長は一定でないことがわかった．そのためさらに精度の高い定義が必要になり，1983 年には，光が真空中を 1/299 792 458 秒の間に進む距離を 1 m とする定義が採用された．

国際メートル原器

温度の単位

熱力学温度の SI 基本単位は，単位記号 K で表される**ケルビン** (kelvin) である．もともと温度には，水の凝固点を 0 ℃，水の沸点を 100 ℃とする**セルシウス温度** (Celsius temperature) が用いられてきた．このときの単位記号℃で表される単位を**セルシウス度** (Celsius degree) という．

しかし，温度は物質の熱運動の激しさに関連し，温度には下限が存在することがわかってきた．そこで熱力学の世界では，物質が最もエネルギーを失った下限の温度を**絶対零度** (absolute zero) とする，**熱力学温度** (thermodynamic temperature) が用いられるようになった．熱力学温度は**絶対温度** (absolute temperature) とも呼ばれる．1954 年には，絶対零度を 0 K，水の三重点の温度を正確に 273.16 K とした熱力学温度の単位ケルビン（単位記号 K）が定義された．

さらに，2019 年 5 月，温度とエネルギーを結びつける定数であるボルツマン定数を正確に $1.380 649 \times 10^{-23}$ J/K と定めることで，物質の正確な温度を決めることができる定義に変更された．ただし，ボルツマン定数の決定には水の三重点 273.16 K が基準として用いられているため，定義改定の前後で水の三重点の温度はほぼ変わらない．

また，セルシウス温度の数値は，熱力学温度ケルビンの数値から 273.15 を引いたものと定義されることになった．つまり，1 K と 1 ℃の大きさは厳密に等しく，セルシウス温度 t と熱力学温度 T の間には次の関係が成り立つ．

$$t/℃ = T/\text{K} - 273.15 \qquad つまり \qquad T/\text{K} = t/℃ + 273.15$$

このとき，$t/℃$ や T/K はそれぞれの物理量を単位で割ったものであり，単なる数値となる．たとえば，$t = -196$ ℃の両辺を℃で割ると，$t/℃ = -196$ となる．

水の沸点は 100 ℃ではない？
温度の定義が変わったため，水の凝固点はちょうど 0 ℃，水の沸点はちょうど 100 ℃ではなくなった．新しい定義にもとづくと，水の凝固点は 0.002519 ℃，水の沸点は 99.9743 ℃ となる．

1.2　有効数字

1.2.1　誤差と有効数字

長さ，質量，温度などを測定すると，ある限られた桁数の測定値が得られる．たとえば，ある人が 0.1 kg の精度で測定できるデジタル体重計に乗って「56.2 kg」と表示されたとき，真の体重は 56.2 kg ピッタリではない（たとえば 56.2394… kg など）．このように，測定値と真の値の間にはずれが生じる．その差を**誤差**(error)という．

また，測定によって得られた数字は，すべて意味のある数字であり，**有効数字**（significant figure）と呼ばれる．たとえば，前述の体重の測定値 56.2 kg は，「5」「6」「2」の三つの数字で表されており，有効数字 3 桁ということになる．

表示された数値において，0 以外の数字はすべて有効数字となるが 0 については注意が必要である．手前に 0 以外の数字がない 0 は位取りを示すだけなので，有効数字ではない．逆に，小数点が記されている場合は，手前に 0 以外の数字がある 0 はすべて有効数字となる．

> 例）0.0250 g … 有効数字 3 桁
> 　　 2010.0 g … 有効数字 5 桁

また，小数点が記されていないときは，末尾にある 0 は有効数字かどうかわからない．

> 例）3500 m … 有効数字 2 桁？ 3 桁？ 4 桁？

このような場合，有効数字を明確に示すためには，「$a \times 10^b$」の形で表すとよい．

> 例）3.5×10^3 m … 有効数字 2 桁
> 　　 3.500×10^3 m … 有効数字 4 桁

有効数字無限大

数えられる程度のものの個数は自然数であり，誤差を含まない．つまり，有効数字は無限大であると考えることができる．たとえば，リンゴ 3 個，本 3 冊などがこれにあたる．

例題 1.3

次の(1) 〜 (4)はそれぞれ有効数字何桁か．

(1) 0.205 m 　　(2) 25 mg 　　(3) 50.0 K 　　(4) 360 s

解答　(1) 3 桁 　　(2) 2 桁 　　(3) 3 桁 　　(4) 2 桁または 3 桁

▶▶ 解説 ⋯⋯⋯⋯⋯⋯⋯⋯⋯⋯⋯⋯⋯⋯⋯⋯⋯⋯⋯⋯⋯⋯⋯⋯⋯⋯⋯⋯⋯

(1)手前に 0 以外の数字がない 0 は有効数字ではないので，「2」「0」「5」の 3 桁．

(2)「2」「5」の 2 桁.

(3)手前に 0 以外の数字がある 0 はすべて有効数字なので,「5」「0」「0」の 3 桁.

(4)「3」「6」は有効数字だが,その後の「0」は有効数字かどうか不明.よって,2 桁または 3 桁.

1.2.2 計算における有効数字の扱い

測定値を用いて計算を行うと,しばしば妥当な有効数字以上の桁数の数値が得られることがある.たとえば,質量が 10.23 g,体積が 1.28 cm^3 の鉄片の密度は次のように計算される.

$$\frac{10.23\ \text{g}}{1.28\ \text{cm}^3} = 7.992\,187\,5\ \text{g/cm}^3$$

しかし,用いた数値の有効数字はそれぞれ 4 桁および 3 桁なので,得られる数値の有効数字もせいぜい 3 桁であり,それ以降の数値は意味のないものになる.そこで,意味のない数値を省き,適切な有効数字で表記する必要がある(この操作を「**丸める**」という).有効数字の判定は,測定値の誤差の大きさや計算方法によっても異なるが,一般には次の規則で行われることが多い.また,数値を丸める際には一般的には四捨五入が用いられる.

① 掛け算や割り算では,有効数字の桁数を最も少ないものに合わせて丸める.

例)質量 10.23 g,体積 1.28 cm^3 の物体の密度

有効数字 4 桁

$$\frac{10.23\ \text{g}}{1.28\ \text{cm}^3} = 7.992\,187\,5\ \text{g/cm}^3 \Rightarrow 7.99\ \text{g/cm}^3$$

有効数字 3 桁　不確かな数値

② 足し算や引き算では,小数点以下の桁数を,最も少ないものに合わせて丸める.

例) 10.05 g と 0.0349 g の和

```
   10.05?? g
+) 0.0349 g
   10.0849 g  ⇒  10.08 g
```

不確かな数値

例題 1.4

有効数字を考慮して，次の計算をせよ．

(1) 縦の長さ 5.6 cm，横の長さ 21.4 cm の長方形の面積は何 cm^2 か．

(2) 50.2 g の水溶液に 1.849 g の塩化ナトリウムを溶かした水溶液の質量は何 g か．

解答　(1)　1.2×10^2 cm^2　　(2)　52.0 g

▶▶ 解 説 ·······

(1)　5.6 cm × 21.4 cm = 119.84 cm^2 ≒ 1.2×10^2 cm^2

(2)　50.2 g + 1.849 g = 52.049 g ≒ 52.0 g

１ 次の (1)～(5) を（　　）で指定した単位に変換せよ．

(1) 1.2×10^{-8} cm（nm）

(2) 0.048 kg（mg）

(3) 124 km/h（m/s）

(4) 0.97 g/cm^3（kg/m^3）

(5) 水の沸点 99.9743 ℃（K）

２ 次の (1)～(5) を計算せよ．

(1) 1.02 m と 1.28 m を足した長さは何 m か．

(2) 1.5 kg と 312 g の合計の質量は何 g か．

(3) 水銀 4.0 L の質量は 54.4 kg であった．密度は何 g/cm^3 か．

(4) 1.2 g/cm^3 の密度の溶液 3.0 L の質量は何 g か．

(5) 平均質量 328 g のリンゴが 125 個ある．合計の質量は何 kg か．

第2章

原子の構造

● この章で学ぶこと
われわれの身のまわりの物質は，すべて原子と呼ばれる微粒子からできている．この章では，まず物質とは何かを説明し，その構成を理解する．次に物質を構成する原子の構造と，原子の質量の扱いを習得する．元素名や元素記号についても説明する．

❖ この章の目標 ❖
- ☐ 混合物と純物質，単体と化合物の違いがわかる
- ☐ 原子を構成する粒子の特徴がわかる
- ☐ 原子の相対質量の意味がわかり，計算できる
- ☐ 原子量の意味がわかり，計算できる

2.1 物質と元素

2.1.1 純物質と混合物

水 H_2O，窒素 N_2，酸素 O_2，塩化ナトリウム $NaCl$，二酸化炭素 CO_2 のように，他の物質が混ざっていない単一の物質を**純物質**（pure substance）という．一方，空気，海水，岩石などのように，複数の純物質が混ざり合った物質を**混合物**（mixture）という．たとえば，空気は窒素 N_2，酸素 O_2，アルゴン Ar などが混ざり合ったものであり，海水は水 H_2O，塩化ナトリウム $NaCl$，塩化マグネシウム $MgCl_2$ などが混ざり合ったものである．

純物質は，一定の融点，沸点，密度などをもつ．一方，混合物は，混合している物質の組成によって，融点，沸点，密度などが変化する．

例題 2.1

次の(ア) ～ (カ)の中から，混合物をすべて選べ．
(ア) 石油   (イ) 水銀   (ウ) 二酸化ケイ素
(エ) ドライアイス   (オ) 塩酸   (カ) エタノール

— 9 —

解答　（ア），（オ）

▶▶ **解 説** ‥‥‥‥‥‥‥‥‥‥‥‥‥‥‥‥‥‥‥‥‥‥‥‥‥‥‥‥‥‥‥‥‥‥‥

（ア）石油は，さまざまな炭化水素などの混合物である．

（イ）水銀 Hg は純物質である．

（ウ）二酸化ケイ素 SiO_2 は純物質である．

（エ）ドライアイスは二酸化炭素 CO_2 の固体であり，純物質である．

（オ）塩酸は，水 H_2O に塩化水素 HCl を溶かした混合物である．

（カ）エタノール C_2H_5OH は純物質である．

2.1.2　元素

物質を構成している基本的な成分を**元素**（element）という．自然界には約90種類が存在し，人工的に作られたものも含めると，約120種類の元

表2.1　主な元素名と元素記号．

元素名	元素記号	ラテン語名	英語名	元素名の由来
水素	H	Hydrogenium	Hydrogen	水をつくるもの
ヘリウム	He	Helium	Helium	太陽
炭素	C	Carboneum	Carbon	木炭
窒素	N	Nitrogenium	Nitrogen	硝石をつくるもの
酸素	O	Oxygenium	Oxygen	酸をつくるもの
フッ素	F	Fluorum	Fluorine	流れるもの
ナトリウム	Na	Natrium	Sodium	固体
アルミニウム	Al	Aluminium	Aluminium	ミョウバン
リン	P	Phosphorus	Phosphorus	光を運ぶもの
硫黄	S	Sulfur	Sulfur	火のもと
塩素	Cl	Chlorum	Chlorine	黄緑色
アルゴン	Ar	Argon	Argon	働かない
カリウム	K	Kalium	Potassium	草木灰
鉄	Fe	Ferrum	Iron	硬い，強固
銅	Cu	Cuprum	Copper	銅の産地キプロス島
銀	Ag	Argentum	Silver	光り輝く
金	Au	Aurum	Gold	黄金

素が知られている．元素は，ラテン語名などの頭文字からとった**元素記号**
(symbol of element) を使って表される．主な元素名と元素記号を**表 2.1**
に示す．

2.1.3 単体と化合物

　水を電気分解すると，水素と酸素の気体が生じ，水素と酸素はそれ以上
別の物質に分けることはできない．また，水素と酸素の混合気体に点火す
ると水が生じる．よって，水を構成している元素は水素 H と酸素 O であ
るとわかる．

　水 H_2O のように，2 種類以上の元素からなる純物質を**化合物**(compound)
という．一方，酸素 O_2 や水素 H_2 のように，1 種類の元素のみからなる純
物質を**単体**(simple substance) という．

2.1.4 同素体

　酸素 O の単体には，無色・無臭の気体である酸素 O_2 と，淡青色で特異
臭をもつオゾン O_3 の 2 種類がある．このように，同じ元素からなるが，
性質が異なる単体どうしを**同素体** (allotrope) という．酸素 O 以外に，炭
素 C，リン P，硫黄 S などにも同素体がある．主な同素体を**表 2.2** に示す．

表 2.2　同素体の例

元素	おもな同素体
炭素 C	黒鉛，ダイヤモンド，フラーレン，カーボンナノチューブ
酸素 O	酸素，オゾン
リン P	白リン，赤リン
硫黄 S	斜方硫黄，単斜硫黄，ゴム状硫黄

例題 2.2

次の物質(ア) ～ (カ)の中から，化合物をすべて選べ．
(ア) 酸化カルシウム　　(イ) メタン　　　(ウ) オゾン
(エ) ダイヤモンド　　　(オ) 亜鉛　　　　(カ) 塩化水素

解答　(ア)，(イ)，(カ)

▶▶ 解説 ....

(ア) 酸化カルシウム CaO は，カルシウム Ca と酸素 O からなる化合
　　物である．
(イ) メタン CH_4 は，炭素 C と水素 H からなる化合物である．

（ウ）オゾン O_3 は，酸素 O のみからなる単体である．

（エ）ダイヤモンドは，炭素 C のみからなる単体である．

（オ）亜鉛は，亜鉛 Zn のみからなる単体である．

（カ）塩化水素 HCl は，水素 H と塩素 Cl からなる化合物である．

2.2　原子の構造

2.2.1　原子を構成する粒子

原子 (atom) は，直径がおよそ 10^{-10} m 程度の非常に小さな粒子であり，中心にある**原子核** (atomic nucleus) と，その周りを取り巻くいくつかの**電子** (electron) からなる．さらに，原子核はいくつかの**陽子** (proton) と**中性子** (neutron) からなる．原子核の直径は $10^{-15} \sim 10^{-14}$ m 程度であり，原子全体の大きさの数万分の 1 にすぎない．典型的なヘリウム原子の構造の模式図を**図 2.1** に示す．

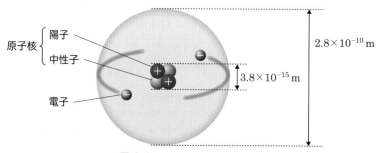

図 2.1　ヘリウム原子の構造

陽子は正の電荷を，電子は負の電荷をもつ粒子であり，中性子は電荷をもたない．原子は電気的に中性なので，原子に含まれる陽子の数と電子の数は等しい．また，陽子と中性子の質量はほぼ等しいが，これらに比べて電子の質量は非常に小さい．陽子，中性子，電子の特徴を**表 2.3** に示す．

表 2.3　陽子，中性子，電子の特徴

構成粒子		電荷	電荷の比	質量	質量の比
➕	陽子	$+1.602 \times 10^{-19}$ C	$+1$	1.673×10^{-24} g	1
🔵	中性子	0	0	1.675×10^{-24} g	約 1
🔵	電子	-1.602×10^{-19} C	-1	9.109×10^{-28} g	約 $\dfrac{1}{1840}$

2.2.2 原子の表し方

原子核に含まれる陽子の数を**原子番号**(atomic number)という．陽子の数，つまり電子の数がその原子の化学的性質をほぼ決めている．そのため，同じ原子番号(同じ陽子数)の原子の集団を同じ元素として取り扱う．

また，原子核に含まれる陽子の数と中性子の数の和を**質量数**（mass number）という．陽子と中性子の質量はほぼ等しく，それに比べて電子の質量は非常に小さいので，原子1個の質量は質量数を用いておおまかに比較することができる．

原子は元素記号を用いて表される．このとき，左下に原子番号を，左上に質量数を記す．たとえば，**図2.1**に記したヘリウム原子は，元素記号を用いて次の**図2.2**のように表すことができる．

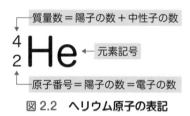

質量数＝陽子の数＋中性子の数

$$^{4}_{2}\text{He}$$ ← 元素記号

原子番号＝陽子の数＝電子の数

図2.2 ヘリウム原子の表記

例題2.3

次の原子を構成する原子の数，中性子の数，電子の数をそれぞれ記せ．

	(1) ^{3}H	(2) ^{14}N	(3) ^{18}O	(4) ^{24}Mg	(5) ^{35}Cl	(6) ^{56}Fe
陽子の数						
中性子の数						
電子の数						

解答

	(1) ^{3}H	(2) ^{14}N	(3) ^{18}O	(4) ^{24}Mg	(5) ^{35}Cl	(6) ^{56}Fe
陽子の数	1	7	8	12	17	26
中性子の数	2	7	10	12	18	30
電子の数	1	7	8	12	17	26

▶▶ 解説 ··

電子に含まれる陽子の数と電子の数は，原子番号と等しい．また，陽子の数と中性子の数の和が質量数なので，質量数（元素記号の左上の数字)から陽子の数(つまり原子番号)を引くと中性子の数となる．

2.3　同位体

2.3.1　同位体

　原子番号が同じで，質量数が異なる原子どうしを互いに**同位体**（isotope）という．たとえば，水素 H には**表 2.4** に示す 3 種類の同位体が存在する.

表 2.4　水素の同位体

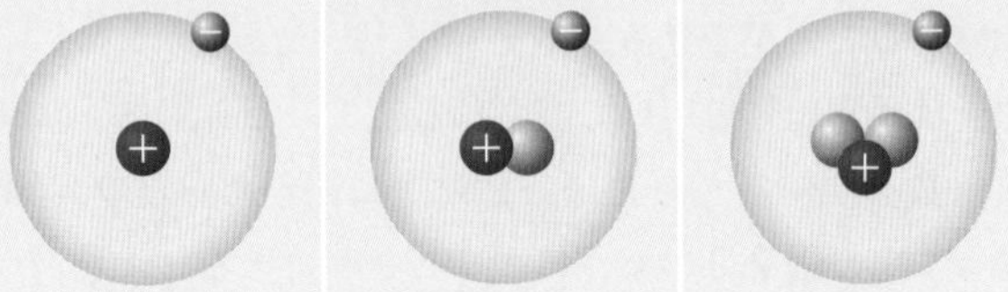

	^1_1H	^2_1H	^3_1H
⊕ 陽子	1	1	1
⚪ 中性子	0	1	2
⚫ 電子	1	1	1

　^1H，^2H，^3H はいずれも水素という同じ「元素」であるが，異なる「原子」である．多くの元素には同位体があり，地球上に存在する各同位体の存在比はほぼ一定である．主な元素について，天然に存在する同位体とその存在比を**表 2.5** に示す.

表 2.5　主な同位体とその存在比

元素	同位体	存在比（%）
水素 $_1H$	^1H	99.9885
	^2H	0.0115
	^3H	ごく微量
炭素 $_6C$	^{12}C	98.93
	^{13}C	1.07
	^{14}C	ごく微量
酸素 $_8O$	^{16}O	99.757
	^{17}O	0.038
	^{18}O	0.205
塩素 $_{17}Cl$	^{35}Cl	75.76
	^{37}Cl	24.24

例題 2.4

次の(ア) 〜 (オ)の原子のうち，同位体の関係にある原子を選べ．ただし，元素記号は異なるものもすべて A と記してある．

(ア) $^{14}_{6}\text{A}$ (イ) $^{14}_{7}\text{A}$ (ウ) $^{16}_{8}\text{A}$ (エ) $^{18}_{8}\text{A}$ (オ) $^{19}_{9}\text{A}$

解答 (ウ)，(エ)

▶▶ 解説 ⋯⋯⋯⋯⋯⋯⋯⋯⋯⋯⋯⋯⋯⋯⋯⋯⋯⋯⋯⋯⋯⋯⋯⋯

原子番号が同じでありながら，質量数の異なる原子どうしを互いに同位体という．元素記号の左下に記されている数字が原子番号なので(ウ)と(エ)がいずれも原子番号 8 の同位体である．

2.3.2 放射性同位体と半減期

放射線（radiation）と呼ばれる粒子や電磁波を放出して他の原子核に変化する（これを放射性崩壊という）同位体を**放射性同位体**（radioisotope）と呼ぶ．放射性崩壊によって放出される放射線には α 線，β 線，γ 線の 3 種類がある（**表 2.6**）.

表 2.6 放射線の種類と特徴

種類	正体	放出による変化	透過力
α 線	He 原子核	原子番号が 2，質量数が 4 減少する	弱
β 線	電子 e^-	中性子が陽子に変わり，原子番号が 1 増加する	中
γ 線	電磁波	原子核がエネルギーの高い状態から低い状態になる	強

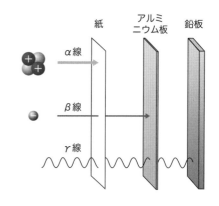

たとえば，放射性同位体の一つである ^{14}C は β 線を放出して（β 崩壊という）^{14}N に変化する．

$$^{14}\text{C} \longrightarrow {}^{14}\text{N} + e^-$$

放射性同位体が放射性崩壊してもとの半分の量になるのに要する時間を**半減期**（harf-life）という．最初の原子数を N，半減期を T とすると，時間に対する放射性同位体の原子数は**図 2.3**のように変化する．

半減期は，放射性同位体の種類によって決まっている．主な放射性同位体の半減期を**表 2.7** に示す．

表 2.7　主な放射性同位体の
半減期

同位体	半減期
^{14}C	5730 年
^{121}I	8 日
^{137}Cs	30 年
^{226}U	1600 年
^{238}U	45 億年
^{239}Pu	2.4 万年

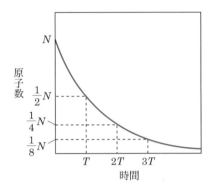

図 2.3　時間に対する放射性同位体の原子数の変化

2.3.3　放射性同位体による年代測定

　大気中に存在する CO_2 には，ほぼ一定の割合で，放射性同位体である ^{14}C が含まれる．植物は ^{14}C を含む CO_2 を光合成によって取り込み，動物はその植物を食べるので，生物は体内に大気中と同じ割合の ^{14}C を含む．しかし生物が死ぬと，^{14}C が取り込まれなくなるため，一定の半減期で ^{14}C は壊変して ^{14}N に変化していく．したがって，化石などに残っている ^{14}C の割合を調べれば，その生物が生きていた年代を推定できる．これを放射性炭素年代測定と呼ぶ．

例題 2.5

　放射性同位体である ^{14}C の半減期は 5.73×10^3 年である．ある遺跡で発見された木片に含まれる ^{14}C の割合が，大気中の割合の 10% であったとすると，この遺跡は何年前に建てられたものと推定されるか．有効数字 2 桁で記せ．ただし，大気中の同位体の割合は一定であるものとする．必要があれば $\log_{10}2 = 0.30$ を用いよ．

解答　1.9×10^4 年

▶▶▶ 解説 ⋯⋯⋯⋯⋯⋯⋯⋯⋯⋯⋯⋯⋯⋯⋯⋯⋯⋯⋯⋯⋯⋯⋯⋯⋯⋯⋯

含まれる ^{14}C の割合が大気中の割合の 10% になるまでに繰り返される半減期を n 回とすると，

$$\left(\frac{1}{2}\right)^n = \frac{10}{100} \quad \text{より，} \quad 2^n = 10$$

両辺の常用対数をとると，

$$\log_{10}2^n = \log_{10}10 \qquad n \times \log_{10}2 = 1 \qquad n = \frac{1}{\log_{10}2} = \frac{1}{0.30}$$

よって，ここまでかかる時間は，

$$5.73 \times 10^3 \text{ 年} \times \frac{1}{0.30} = 1.91 \times 10^4 \text{ 年}$$

2.4 原子の質量

2.4.1 相対質量

原子 1 個の質量はおよそ $10^{-24} \sim 10^{-22}$ g と非常に小さく,扱いにくい.そこで,^{12}C $(1.9926 \times 10^{-23}$ g$)$ の質量をちょうど 12 として,それを基準にした原子の**相対質量**を用いることが国際的に決められている.質量数 12 の ^{12}C の質量をちょうど 12 としているため,相対質量は質量数に近い値となる.たとえば,^1H の質量は 1.6735×10^{-24} g なので,^1H の相対質量を x とすると

$$1.9926 \times 10^{-23} \text{ g} : 12 = 1.6735 \times 10^{-24} \text{ g} : x$$

$$x = 12 \times \frac{1.6735 \times 10^{-24} \text{ g}}{1.9926 \times 10^{-23} \text{ g}} = 1.0078$$

また,原子などの微小な粒子の質量を表す場合,^{12}C の質量の 1/12 を 1 u とした**統一原子質量単位**(unified atomic mass unit)を用いる場合もある.統一原子質量単位で表した質量の数値と相対質量の数値は等しい.u のかわりに Da(ダルトン)という単位を用いる場合もある.u と Da は等しい.

$$1 \text{ u} = 1 \text{ Da} = \frac{1.9926 \times 10^{-23} \text{ g}}{12} = 1.6605 \times 10^{-24} \text{ g}$$

$$^{12}C \text{ の質量} = 12 \text{ u}, \quad ^1H \text{ の質量} = 1.0078 \text{ u}$$

例題 2.6

^{12}C の質量をグラム単位で表すと 1.9926×10^{-23} g である.次の (1),(2) に答えよ.

(1) ^{13}C の質量は 2.1592×10^{-23} g である.^{13}C の相対質量はいくらか.

(2) ^2H の相対質量は 2.0141 である.^2H の質量をグラム単位で表すと何 g か.

解答 (1) 13.003　　(2) 3.3444×10^{-24} g

▶▶ 解説 ·······

(1) $12 \times \dfrac{2.1592 \times 10^{-23} \text{ g}}{1.9926 \times 10^{-23} \text{ g}} = 13.0033$

(2) $1.9926 \times 10^{-23} \text{ g} \times \dfrac{2.0141}{12} = 3.34441 \times 10^{-24} \text{ g}$

2.4.2　原子量

　同位体の相対質量とその同位体の存在比から求めた相対質量の平均値をその元素の**原子量**という．たとえば，天然の炭素には，^{12}C（相対質量 12）が 98.93 %，^{13}C（相対質量 13.00）が 1.07 %の存在比で含まれている．よって，炭素の原子量は次のように求められる．

$$炭素の原子量 = 12 \times \frac{98.93}{100} + 13.00 \times \frac{1.07}{100} = 12.01$$

例題 2.7

　天然に存在している銅には，^{63}Cu（相対質量 62.93，存在比 69.15 %）と ^{65}Cu（相対質量 64.93，存在比 30.85 %）の 2 種類の安定な同位体が存在する．銅の原子量はいくらか．

解答　　63.55

▶▶▶ 解 説 ・・

$$62.93 \times \frac{69.15}{100} + 64.93 \times \frac{30.85}{100} \atop \scriptstyle 62.93 + 2.00$$

$$= \underset{62.93}{62.93 \times \frac{69.15}{100} + 62.93 \times \frac{30.85}{100} + 2.00 \times \frac{30.85}{100}}$$

$$= 62.93 + 0.617$$

$$= 63.547$$

$$\fallingdotseq 63.55$$

章末問題

❶ 次の（ア）〜（カ）の中から，下線を付した語が単体ではなく元素を表しているものをすべて選べ．
（ア）水を電気分解すると，<u>水素</u>と酸素が発生する．
（イ）タンパク質には<u>窒素</u>が含まれている．
（ウ）地殻には質量百分率で約 30%の<u>ケイ素</u>が含まれている．
（エ）<u>アルミニウム</u>の缶に入った飲料水を飲む．
（オ）骨や歯には<u>カルシウム</u>が多く含まれている．

❷ 次の物質（ア）〜（カ）の中から，単体からなる純物質をすべて選べ．
（ア）水道水　　　　　（イ）希硫酸　　　　　（ウ）ヨウ素
（エ）二酸化硫黄　　　（オ）白金　　　　　　（カ）フッ化水素

3 放射性同位体である ^{131}I の半減期は 8.0 日である．これについて，次の(1)〜(3)に答えよ．

(1) ^{131}I は，4.0 日経過するとはじめの何%が壊変しているか．小数第 1 位まで記せ．

(2) ^{131}I は，32 日経過するとはじめの何%が壊変しているか．小数第 1 位まで記せ．

(3) 残っている ^{131}I が 1.0% を下回るのは何日後か．小数第 1 位まで記せ．

4 塩素には，^{35}Cl（存在比 75 %），^{37}Cl（存在比 25 %）の二つの安定な同位体が存在する．相対質量の異なる塩素分子 Cl_2 を構造式で記し，それぞれの存在比(%)を記せ．

5 マグネシウムには，^{24}Mg，^{25}Mg，^{26}Mg の三つの安定同位体が存在し，その相対質量および存在比は右の表のとおりである．マグネシウムの原子量はいくらか．有効数字 3 桁で記せ．

	相対質量	存在比
^{24}Mg	24.0	79.0
^{25}Mg	25.0	10.0
^{26}Mg	26.0	11.0

6 天然に存在しているガリウムには ^{69}Ga（相対質量 68.9）と ^{71}Ga（相対質量 70.9）の 2 種類の安定な同位体が存在し，ガリウムの原子量は 69.7 である．^{69}Ga の存在比は何%か．整数で記せ．

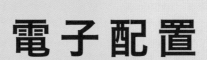

第3章

電 子 配 置

❖ この章の目標 ❖

□ 電磁波における波長，振動数，光速
の関係がわかる

□ 電磁波における振動数とエネルギー
の関係がわかる

□ 水素のスペクトルがリュードベリの
公式に従うことを理解する

□ 電子殻が量子数によってさらに細分
化されることを理解する

□ 各軌道への電子の入り方がわかる

● この章で学ぶこと
電子が原子中の電子殻に収容されていることは，原子から
発せられる光をもとに明らかにされてきた．この章では，
光をはじめとする電磁波の性質を理解するとともに，電子
がどのように電子殻に収容されているかを学ぶ．

3.1 光

3.1.1 光とは NEW

われわれの身の周りには，太陽光，星の光，蛍光灯，テレビの光など，
さまざまな光がある．一般に光というときには，ヒトの目で観測できる**可
視光**（visible light）を指すことが多いが，紫外線や赤外線を含む場合もあ
る．光は，電波，X 線，γ 線などと同様に**電磁波**（electromagnetic wave）
の一種であり，波としての性質（波動性）と，粒子としての性質（粒子性）を
あわせもつ（図 3.1）．

電磁波が進む速さを**光速**（speed of light）といい，記号 c で表す．真空中
における光速は電磁波の種類によらず一定で，$c = 3.00 \times 10^8$ m/s である*．

光速の定義
真空中における光速は，厳密に c = 2.997 924 58×10^8 m/s と定義されており，これをもとに長さの単位である m（メートル）が決められている．具体的には，$\dfrac{1}{299792458}$ s の間に光が真空中を進む距離が 1 m である．

光は波である　　光は粒子である

図 3.1　光の波動性と粒子性

3.1.2　光の波動性 NEW

　光を含む電磁波は，波としての性質をもつため，振動数，波長，振幅によって特徴づけられる．単位時間あたりに任意の点を通過する波の数を**振動数**（frequency）といい，電磁波の場合は記号 ν（読み：ニュー）で表す．通常，振動数の単位には $1\,s$（1秒）あたりに通過する波の数を意味する Hz（/s に等しい）を用いる．また，隣り合う山と山（または谷と谷）の間隔を**波長**（wavelength）といい，記号 λ で表し，山の高さ（または谷の深さ）を，**振幅**（amplitude）といい，記号 A で表す（図 3.2）．

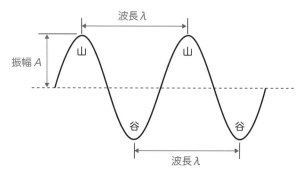

図 3.2　波の波長と振幅

　電磁波の種類は，波長によって分類されている．可視光は電磁波のごく一部にしか過ぎない（図 3.3）．

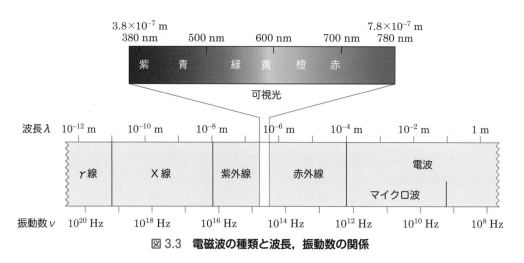

図 3.3　電磁波の種類と波長，振動数の関係

　波においては，「速さ＝波長×振動数」の関係が成り立つので，これを電磁波に適用すると

$$c = \nu\lambda$$

よって

$$\lambda = \frac{c}{\nu} \quad \text{または} \quad \nu = \frac{c}{\lambda}$$

　真空中の光速は一定なので，電磁波の振動数 ν と波長 λ は反比例の関係にある．つまり，波長が短いほど電磁波の振動数は大きく，波長が長いほど電磁波の振動数は小さくなる．

3.1.3　光の粒子性 NEW

　アインシュタインは，光をはじめとする電磁波は**光子**（photon）と呼ばれる粒子の流れであると仮定し，光子 1 個がもつエネルギー E が振動数 ν に比例することを示した．

$$E = h\nu$$

このときの比例定数 h は**プランク定数**（Planck constant）と呼ばれ，$h = 6.63 \times 10^{-34}$ J・s である[*]．この式に $\nu = \dfrac{c}{\lambda}$ を代入すると

$$E = \frac{hc}{\lambda}$$

　真空中における光速 c およびプランク定数 h は一定なので，光子 1 個がもつエネルギー E と波長 λ は反比例の関係にある．つまり，波長が短いほど電磁波のエネルギーは大きく，波長が長いほど電磁波のエネルギーは小さくなることがわかる．

アインシュタイン
（Albert Einstein, 1879-1955）
ドイツ生まれのユダヤ人物理学者．1921 年ノーベル物理学賞受賞．相対性理論の構築などの業績で世界的著名人となった彼は，第二次世界大戦後は平和運動に没頭した．また彼はヴァイオリンを愛好し，しばしば人前で演奏し，専門家から「まずまず」と評価されたという．

プランク定数
プランク定数は，厳密には $h = 6.626\,070\,15 \times 10^{-34}$ J・s と定義されている．

例題 3.1

　トンネルの照明などに用いられるナトリウムランプの橙黄色の光の波長は 589 nm である．この光の振動数は何 Hz か．また，光子 1 個あたりのエネルギーは何 J か．ただし，真空中における光速は 3.00×10^8 m/s，プランク定数は 6.63×10^{-34} J・s を用いよ．

解答　振動数：5.09×10^{14} Hz
　　　　光子 1 個あたりのエネルギー：3.38×10^{-19} J

▶▶ 解説 ··········

589 nm $= 589 \times 10^{-9}$ m より

$$\nu = \frac{c}{\lambda} = \frac{3.00 \times 10^8 \text{ m/s}}{589 \times 10^{-9} \text{ m}} = 5.093 \times 10^{14} \text{ /s} = 5.093 \times 10^{14} \text{ Hz}$$

$$E = h\nu = 6.63 \times 10^{-34} \text{ J・s} \times 5.093 \times 10^{14} \text{ /s} = 3.376 \times 10^{-19} \text{ J}$$

プランク
（Max Planck, 1858-1947）
ドイツの物理学者．「光のエネルギーはある整数倍の値しかとることができない」としたプランクの法則を導出した．これは後の量子化の考え方の基礎となる概念であり，そのため彼は「量子論の父」と呼ばれる．ドイツにあるマックス・プランク研究所は，もちろん彼にちなんで名づけられたものである．1918 年，ノーベル物理学賞受賞．

または

$$E = \frac{hc}{\lambda} = \frac{6.63 \times 10^{-34}\,\text{J·s} \times 3.00 \times 10^{8}\,\text{m/s}}{589 \times 10^{-9}\,\text{m}} = 3.376 \times 10^{-19}\,\text{J}$$

3.2　水素のスペクトル

3.2.1　バルマーの公式 NEW

微量の水素を封入したガラス管（水素放電管）に高電圧をかけて放電すると，ガラス管が赤紫色に発光する．この光をプリズムなどの分光器を用いて分光すると，不連続な線スペクトル*を観察することができる（図3.4）．

スペクトル

電磁波を，その波長によって分けたものをスペクトルという．

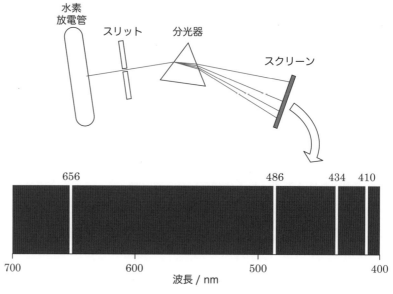

図3.4　**水素のスペクトル**

バルマー
(Johann Jakob Balmer,
1825-1893)
スイスの数学者．数学に優れており，数学者として名を挙げることを望んでいたが，結果として化学への貢献によって名を残した．

スイスの数学教師であったバルマーは，これらの4本の線スペクトルの波長 λ が，次の式を満たすことを発見した．

$$\lambda = 364.56\,\text{nm} \times \frac{n^2}{n^2 - 2^2} \qquad (n = 3,\ 4,\ 5,\ \cdots)$$

これは，**バルマーの公式**（Balmer equation）と呼ばれている．たとえば，$n = 3$ を代入すると

$$\lambda = 364.56\,\text{nm} \times \frac{3^2}{3^2 - 2^2} = 656\,\text{nm}$$

となり，水素の線スペクトルのうちの一つの波長と一致する．同様に，n

$= 4$ を代入すると $\lambda = 486\,\text{nm}$, $n = 5$ を代入すると $\lambda = 434\,\text{nm}$, $n = 6$ を代入すると $\lambda = 410\,\text{nm}$ が得られる.

3.2.2　リュードベリの公式 NEW

スウェーデンの物理学者リュードベリは, 水素の線スペクトルの波長 λ が次の**リュードベリの公式**(Rydberg equation)を満たすことを示した.

$$\frac{1}{\lambda} = R_\infty \left(\frac{1}{n^2} - \frac{1}{n'^2} \right) \qquad (n,\ n'\ は\ n < n'\ を満たす正の整数)$$

ここで, $R_\infty = 1.097 \times 10^{-2}\,/\text{nm}$ であり, R は**リュードベリ定数**(Rydberg constant)と呼ばれる. リュードベリの公式において $n = 2$, $n' = n$ としたものがバルマーの公式であり, **バルマー系列**(Balmer series)と呼ばれる. さらに, ライマンによって $n = 1$ を満たす紫外領域の**ライマン系列**(Lyman series)や, パッシェンによって $n = 3$ を満たす赤外領域の**パッシェン系列**(Paschen series)といった, 同様の不連続なスペクトルが発見された.

リュードベリ
(Johannes Rydberg,
1854-1919)
スウェーデンの物理学者. もとは数学の講師であったが, 次第に研究の舞台を分光学に移し, 原子スペクトルに関する研究から, リュードベリの公式を示した.

例題 3.2

ライマン系列において, 最も波長が長いスペクトルと二番に波長が長いスペクトルの波長はそれぞれ何 nm か. 整数で記せ.

解答　最も波長が長い：$122\,\text{nm}$　　二番目に波長が長い：$103\,\text{nm}$

▶▶▶ **解説** ⋯⋯⋯⋯⋯⋯⋯⋯⋯⋯⋯⋯⋯⋯⋯⋯⋯⋯⋯⋯⋯⋯⋯⋯⋯⋯⋯⋯

リュードベリの公式において, $n = 1$ がライマン系列である. n' の値が小さいほど波長は長くなるので, $n' = 2, 3$ を代入すると

$$\frac{1}{\lambda} = 1.097 \times 10^{-2}\,/\text{nm} \times \left(\frac{1}{1^2} - \frac{1}{2^2} \right) = 0.82275 \times 10^{-2}\,/\text{nm}$$

$$\lambda = 121.5\,\text{nm}$$

$$\frac{1}{\lambda} = 1.097 \times 10^{-2}\,/\text{nm} \times \left(\frac{1}{1^2} - \frac{1}{3^2} \right) = 0.9751 \times 10^{-2}\,/\text{nm}$$

$$\lambda = 102.5\,\text{nm}$$

3.3　電子殻と軌道

3.3.1　ボーアの原子模型 NEW

デンマークの物理学者ボーアは, リュードベリの公式を説明するために, **ボーアの原子模型**(Bohr's model)を提唱した. 詳細は複雑になるので割愛

ボーア
(Niels Henrik David Bohr,
1885-1962)
デンマークの理論物理学者. プランクらの量子仮説を原子の世界に導入し, 量子力学の基礎を築いた. 1922 年ノーベル物理学賞受賞.

するが，簡単にいえば

> 「原子には，電子が収容される複数の**電子殻** (electron shell) が存在し，
> それぞれの電子殻に対応する固有のエネルギーが決まっているため，
> 電子がもつエネルギーはとびとびの値をとる」

というものである．電子殻は，エネルギーの低い内側から順に K 殻，L 殻，M 殻，N 殻…と呼ばれる（図 3.5）．水素から線スペクトルが得られるのは，放電によって電子がエネルギー準位の高い外側の電子殻に移り（励起という），その電子がエネルギーの低い内側の電子殻に落ちるとき，そのエネルギー差に対応する波長の光が放出されるためである．

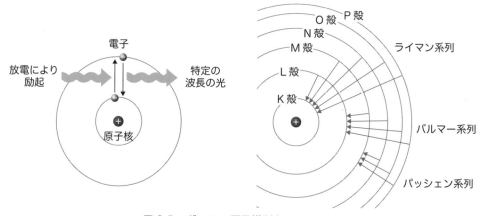

図 3.5　ボーアの原子模型とスペクトル

リュードベリの公式において，n はエネルギーの低い電子殻に，n' はエネルギーの高い電子殻に対応している．つまり，$n = 1$ は K 殻，$n = 2$ は L 殻，$n = 3$ は M 殻，…を表している．

ボーアの原子模型は，水素のスペクトルを説明することはできたが，他の原子（多電子原子）の複雑なスペクトルを説明することができなかった．

3.3.2　波動関数 NEW

ボーアの原子模型では，電子は原子核の周りを運動する「粒子」であるとした．一方，オーストリアの物理学者シュレーディンガーは電子を「波」であるとし，そのふるまいは，**シュレーディンガーの波動方程式** (Schrödinger equation) を解くことで得られる**波動関数** (wave function) によって表されることを示した．波動関数は Ψ（読み：プサイ）で表記される．波動関数の二乗 Ψ^2 は電子の存在確率を表すことが知られており，波動関数が決まれば，原子核の周りで電子の存在確率が高い場所を知るこ

シュレーディンガー
(Erwin Schrödinger,
1887-1961)

オーストリア出身の理論物理学者．現代科学の基礎ともいえるシュレーディンガー方程式を提唱し，量子力学を発展させた．1933 年，ノーベル物理学賞受賞．晩年は生命にも興味を示し『生命とは何か—物理的にみた生細胞—』（岩波書店, 2008）を著すなど，生物物理学や分子生物学への道を開いた．

とができる.

3.3.3　量子数と軌道 NEW

電子は,**量子数**(quantum number)と呼ばれる数で特徴づけられる. 前項では量子数 n によって電子殻を区別したが,これに加えて量子数 l, m_l を導入することで,波動関数を規定することができる. 各量子数の特徴を**表 3.1** に示す.

表 3.1　**量子数の特徴**

記号	名称	取りうる値
n	主量子数(principal quantum number)	$1,\quad 2,\quad 3, \cdots$
l	方位量子数(azimuthal quantum number)	$0,\quad 1,\quad 2, \cdots, \ n-1$
m_l	磁気量子数(magnetic quantum number)	$0, \pm1, \pm2, \cdots, \pm l$

量子数 n, l, m_l によって規定される波動関数を**電子軌道**(electron orbital)または単に**軌道**(orbital)という. 軌道を簡便に表現するために,**表 3.2** のように方位量子数に対応するアルファベットが決められている.

表 3.2　**方位量子数 l とアルファベットの対応**[*]

l	0	1	2	3	4
アルファベット	s	p	d	f	g

たとえば,$n=1$, $l=0$ の場合は「1s 軌道」,$n=2$, $l=1$ の場合は「2p 軌道」,$n=3$, $l=2$ の場合は「3d 軌道」となる(**図 3.6**).

量子数 n, l, m_l によって規定された波動関数から軌道の形を描くことができる. このとき,主量子数 n は軌道の大きさとエネルギーを,方位量子数 l は軌道の三次元的形状を,磁気量子数 m_l は軌道の空間的配向を決めている. ただし,実際には電子の位置を確定させることはできないため,電子を見出す確率が高い(たとえば存在確率が 90 %)最小の空間を三次元座標中に描くことで,軌道を可視化している. すると,1s, 2p, 3d 軌道の形は,**図 3.7** のようになる.

記号の意味　s, p, d, f は,スペクトルの形状を表す
　sharp
　principal
　diffuse
　fundamental
が由来である. それ以降は g, h…とアルファベット順になる.

2p 軌道

| 主量子数 $n=2$ | 方位量子数 $l=1$ |

図 3.6　**軌道の表し方**

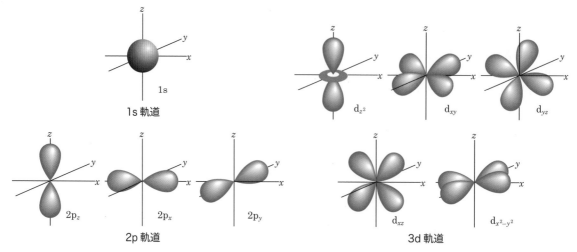

図 3.7　**1s, 2p, 3d 軌道の形**

例題 3.3

次の主量子数 n および方位量子数 l によって表される軌道の名称とその
数を，次の例にならって記せ．

　例）　$n = 1$，$l = 0 \Rightarrow 1s$ 軌道，1 個

(1) $n = 2$，$l = 0$　　　　(2) $n = 3$，$l = 2$　　　　(3) $n = 4$，$l = 1$

(4) $n = 4$，$l = 3$

解答　(1) 2s 軌道，1 個　　(2) 3d 軌道，5 個　　(3) 4p 軌道，3 個

　　　　(4) 4f 軌道，7 個

▶▶ 解 説 ┄┄┄┄┄┄┄┄┄┄┄┄┄┄┄┄┄┄┄┄┄┄┄┄┄┄┄┄┄┄┄┄┄┄┄┄┄

(1) $l = 0$ より s 軌道であり，$m_l = 0$ の 1 個の軌道がある．

(2) $l = 2$ より d 軌道であり，$m_l = 0$，± 1，± 2 の 5 個の軌道がある．

(3) $l = 1$ より p 軌道であり，$m_l = 0$，± 1 の 3 個の軌道がある．

(4) $l = 3$ より f 軌道であり，$m_l = 0$，± 1，± 2，± 3 の 7 個の軌道が
　　ある．

3.4　電子配置

3.4.1　電子のスピン NEW

　軌道に収容された電子は，地球が自転しているのと同じように，ある軸
の周りを回転しているというように考えることができる．これを**スピン**
（spin）という．スピンが存在することで，電子は磁石のようにふるまう．
そこで，**スピン磁気量子数**（spin magnetic quantum number）と呼ばれる

量子数 m_s によって，このスピンの方向を規定する．スピン磁気量子数は，他の量子数には依存せず，上向きを表す +1/2 または下向きを表す−1/2 のいずれかをとる．

3.4.2 パウリの排他原理 NEW

オーストリア生まれのスイスの物理学者パウリは，同じ原子の中では，どの二つの電子も同一の四つの量子数をとることはできないことを示した．これを**パウリの排他原理**（Pauli exclusion principle）という．軌道は n, l, m_l の三つの量子数によって規定されるため，同じ軌道には，m_s の異なる 2 個の電子しか収容できないことになる．以上より，各電子殻に存在する軌道と収容できる電子の数は**表 3.3** のようになる．

パウリ
(Wolfgang Ernst Pauli,
1900-1958)

オーストリア生まれのスイスの物理学者．1945 年，ノーベル物理学賞受賞．研究成果を論文として発表するより，手紙で研究仲間に知らせることが多かった．これはニュートンの時代のスタイルだった．オーストリアがドイツに併合されたため，ナチの台頭によって一時アメリカに亡命せざるを得なかった．

表 3.3　各電子殻に属する軌道と収容される電子の数

電子殻	K殻	L殻		M殻			N殻			
軌道	1s	2s	2p	3s	3p	3d	4s	4p	4d	4f
軌道の数	1	1	3	1	3	5	1	3	5	7
電子の数	2	2	6	2	6	10	2	6	10	14
合計	2	8		18			32			

3.4.3 エネルギー準位

各軌道に電子が収容された場合，その収容された電子がもつエネルギーをエネルギー準位という．典型的な多電子原子のエネルギー準位は**図 3.8**

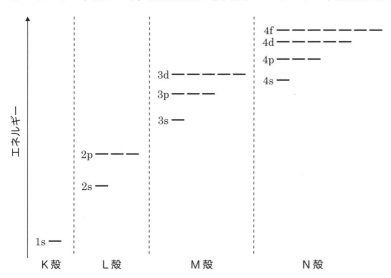

図 3.8　多電子原子の各軌道のエネルギー準位

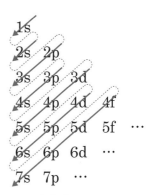

図 3.9　各軌道への電子の入り方

のようになるので，各軌道に電子が収容される順番は**図 3.9** のようになる．なお，原子番号が変わるとエネルギー準位も変化する．

3.4.4　電子配置 NEW

電子は，次の原則に従って収容される．

1. エネルギー準位の低い軌道から順に収容される(図 3.8)．
2. パウリの排他原理より，一つの軌道にはスピンの向きが異なる 2 個の電子が収容される．
3. エネルギー準位の等しい複数の軌道がある場合，異なる軌道になるべくスピンの向きがそろうように収容される．これを**フントの規則** (Hund's rule)という．
4. エネルギー準位の等しい複数の軌道が半分満たされた状態（**半閉殻**）や，完全に満たされた状態(**閉殻**)は安定な電子配置となる*．

＊ 半閉殻や閉殻がなぜ安定なのかは，電磁気学を深く理解する必要があるので，ここでは割愛する

この規則をもとに，いくつかの原子の電子配置を考えてみる．ここでは電子のスピンを区別して↑や↓で表記する．

リチウム

リチウム Li 原子(原子番号 3)は 3 個の電子をもつため，最もエネルギー準位の低い 1s 軌道に 2 個，次にエネルギー準位の低い 2s 軌道に 1 個の電子が収容される．このとき，1s 軌道に入る 2 個の電子のスピンを逆向きにする(パウリの排他原理)．

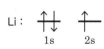

窒素

窒素 N 原子 (原子番号 7) は 7 個の電子をもつため，1s 軌道に 2 個，2s 軌道に 2 個，2p 軌道に 3 個の電子が収容される．2p 軌道は三つあるので，3 個の電子がそれぞれ異なる軌道にスピンの向きがそろうように入る（フントの規則）．2p 軌道が半閉殻となるため，窒素原子の電子配置は比較的安定である．

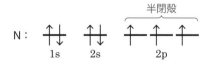

ネオン

ネオン Ne 原子(原子番号 10)は 10 個の電子をもつため，1s 軌道に 2 個，

2s 軌道に 2 個，2p 軌道に 6 個の電子が収容される．2p 軌道が閉殻となるため，Ne 原子の電子配置は安定である．

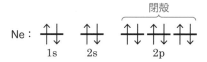

ナトリウム

　ナトリウム Na 原子(原子番号 11)は 11 個の電子をもつため，1s 軌道に 2 個，2s 軌道に 2 個，2p 軌道に 6 個，3s 軌道に 1 個の電子が収容される．表記が冗長になる場合，貴ガスの電子配置を元素記号で表記することもできる．

アルゴン

　アルゴン Ar 原子(原子番号 18)は 18 個の電子をもつため，Ne 原子の電子配置に加えて，3s 軌道に 2 個，3p 軌道に 6 個の電子が収容される．3p 軌道が閉殻となるため，Ar 原子の電子配置は安定である．

カリウム

　カリウム K 原子 (原子番号 19) は 19 個の電子をもつため，Ar 原子の電子配置に加えて 1 個の電子が収容される．4s 軌道のエネルギー準位は 3d 軌道のエネルギー準位に比べて低いため，4s 軌道に 1 個の電子が収容される．

スカンジウム

　スカンジウム Sc 原子(原子番号 21)は 21 個の電子をもつため，Ar 原子の電子配置に加えて 3 個の電子が収容される．4s 軌道のエネルギー準位は 3d 軌道のエネルギー準位に比べて低いため，4s 軌道に 2 個，3d 軌道に 1 個の電子が収容される．

クロム

　クロム Cr 原子（原子番号 24）は，Ar 原子の電子配置に加えて 6 個の電子が収容される．軌道のエネルギー準位からは，4s 軌道に 2 個，3d 軌道に 4 個の電子が収容された電子配置が予想されるが，実際には 4s 軌道に 1 個，3d 軌道に 5 個の電子が収容される．これは，4s 軌道と 3d 軌道のエネルギー準位が非常に近く，3d 軌道が半閉殻となることで安定になるためである．

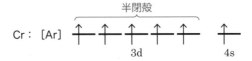

亜鉛

　亜鉛 Zn 原子（原子番号 30）は，Ar 原子の電子配置に加えて 4s 軌道に 2 個，3d 軌道に 10 個の電子が収容される．3d 軌道が閉殻となるため，Zn 原子の電子配置は比較的安定である．

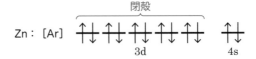

クリプトン

　クリプトン Kr 原子（原子番号 36）は，Ar 原子の電子配置に加えて 4s 軌道に 2 個，3d 軌道に 10 個，4p 軌道に 6 個の電子が収容される．4p 軌道が閉殻となるため，Kr 原子の電子配置は安定である．

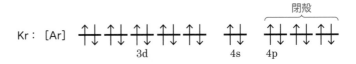

例題 3.4

　(1) ～ (4) の原子の電子配置を，次の例にならって記せ．

　　例）Zn：$1s^2\,2s^2\,2p^6\,3s^2\,3p^6\,3d^{10}\,4s^2$

　(1) 炭素（原子番号 6）

　(2) アルミニウム（原子番号 13）

　(3) カルシウム（原子番号 20）

　(4) 銅（原子番号 29）

解答　(1) C：$1s^2\,2s^2\,2p^2$

　　　　(2) Al：$1s^2\,2s^2\,2p^6\,3s^2\,3p^1$

(3) Ca：$1s^2\,2s^2\,2p^6\,3s^2\,3p^6\,4s^2$

(4) Cu：$1s^2\,2s^2\,2p^6\,3s^2\,3p^6\,3d^{10}\,4s^1$

▶▶▶ 解説 ‥‥‥‥‥‥‥‥‥‥‥‥‥‥‥‥‥‥‥‥‥‥‥‥‥‥‥‥‥‥‥‥‥‥‥‥‥

(1) 炭素 C 原子は 6 個の電子をもつため，1s 軌道に 2 個，2s 軌道に 2 個，2p 軌道に 2 個の電子が収容される．

(2) アルミニウム Al 原子は 13 個の電子をもつため，Ne 原子の電子配置に加えて 3s 軌道に 2 個，3p 軌道に 1 個の電子が収容される．

(3) カルシウム Ca 原子は 20 個の電子をもつため，Ar 原子の電子配置に加えて 4s 軌道に 2 個の電子が収容される．

(4) 銅 Cu 原子は 29 個の電子をもつため，Ar 原子の電子配置に加えて 11 個の電子が収容される．軌道のエネルギー準位からは，4s 軌道に 2 個，3d 軌道に 9 個の電子が収容された電子配置が予想されるが，実際には 4s 軌道に 1 個，3d 軌道に 10 個の電子が収容される．これは，4s 軌道と 3d 軌道のエネルギー準位が非常に近く，3d 軌道が閉殻となることで安定になるためである．

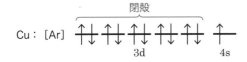

$$Cu：[Ar]$$

1 電子レンジに用いられるマイクロ波の振動数は 2.45 GHz (2.45×10^9 Hz) である．これについて，次の (1) ～ (3) に答えよ．ただし，真空中における光速は 3.00×10^8 m/s，プランク定数は 6.63×10^{-34} J·s を用いよ．数値は有効数字 3 桁で記せ．

(1) 電子レンジのマイクロ波の波長は何 m か．

(2) 電子レンジから生じるマイクロ波の光子 1 個がもつエネルギーは何 J か．

(3) 100 g の水を 10 ℃ から 60 ℃ に加熱するのには，およそ 2.1×10^4 J のエネルギーが必要である．このとき照射された光子は何個か．

2 リュードベリは，水素の線スペクトルについて，その波長 λ が次のリュードベリの公式を満たすことを示した．ただし，$R_\infty = 1.1 \times 10^{-2}$ /nm である．

$$\frac{1}{\lambda} = R_\infty \left(\frac{1}{n^2} - \frac{1}{n'^2} \right) \qquad (n,\ n' は\ n < n'\ を満たす正の整数)$$

リュードベリの公式において，$n = 2$ を満たす系列はバルマー系列と

章末問題

よばれる．これについて，次の(1) ～ (3)に整数で答えよ．

(1) 波長 656 nm の輝線に対応する n' の値はいくらか．

(2) $n' = 6$ に対応する輝線の波長は何 nm か．

(3) 400 ～ 700 nm の範囲で観察されるバルマー系列の輝線は何本か．

3 主量子数を n, 方位量子数を l, 磁気量子数を m_l とする．次の(1) ～ (5) に答えよ．

(1) 4f 軌道，5d 軌道はそれぞれ何個あるか．

(2) 4d 軌道，6s 軌道に入ることができる電子はそれぞれ何個か．

(3) 2p 軌道，3d 軌道で許される n, l, m_l の組合せを，それぞれについて $(n,\ l,\ m_l)$ の形ですべて記せ．

(4) $n = 5$, $l = 3$ を満たす軌道の名称を記せ．

(5) $n = 6$, $l = 2$ を満たす軌道の名称を記せ．

4 (1) ～ (12)の原子の電子配置を，次の例にならって記せ．

例) Ca : $1s^2\, 2s^2\, 2p^6\, 3s^2\, 3p^6\, 4s^2$

(1) 酸素	(2) マグネシウム	(3) 塩素
(4) カリウム	(5) バナジウム	(6) クロム
(7) 鉄	(8) 銅	(9) 亜鉛
(10) クリプトン	(11) イットリウム	(12) 銀

第4章

元素の周期律

● この章で学ぶこと
元素の性質が周期的に変化するのは，前章で学んだように
電子配置が周期的に変化するためである．この章では，周
期表が電子配置をもとにして作成されていることを確認
し，イオン化エネルギーや電子親和力といった性質と電子
配置がどのようにかかわりがあるかを学ぶ．

❖ この章の目標 ❖
□ 周期表が電子配置をもとに作成され
ていることを知る
□ イオン化エネルギーの定義がわかる
□ 電子配置をもとに，イオン化エネル
ギーの大小を比較できる
□ 電子親和力の定義がわかる
□ 電子配置をもとに，電子親和力の大
小を比較できる

4.1 周期表と元素の分類

4.1.1 周期表の成り立ち

元素の性質は，原子番号が増えるに従って周期的に変化する．これは，
原子番号が増えることで原子の電子配置が周期的に変化するためである．
この周期的な規則性を元素の**周期律**（periodic law）という．元素を原子番
号の順に並べ，性質の類似した（電子配置の類似した）元素が縦に並ぶよう
に配置した表を**周期表**（periodic table）という．

周期表の原型は，ロシアのメンデレーエフによって考案された．メンデ
レーエフは元素を原子量の順に並べ，さらに化学的性質の似た元素ごとに
グループ分けした．このときいくつかの空欄ができたため，メンデレーエ
フはそれらの元素の存在を予言し，原子量や密度，融点などの性質を予測
した．後にガリウム Ga やゲルマニウム Ge が発見され，その性質はメン
デレーエフが存在を予言したエカアルミニウムやエカケイ素とよく一致し
たため，メンデレーエフの周期表が評価されるようになった．

現在用いられている周期表を**図 4.1** に示す．周期表の縦の列を**族**
（group），横の行を**周期**（period）という．性質が似ている元素どうしは，

メンデレーエフ
（Dmitri Ivanovich Mendeleev,
1834-1907）
ロシアの科学者．講義用の教科書
として著した「化学の原理」の中
で元素の分類を試み，これが周期
性の発見に繋がった．

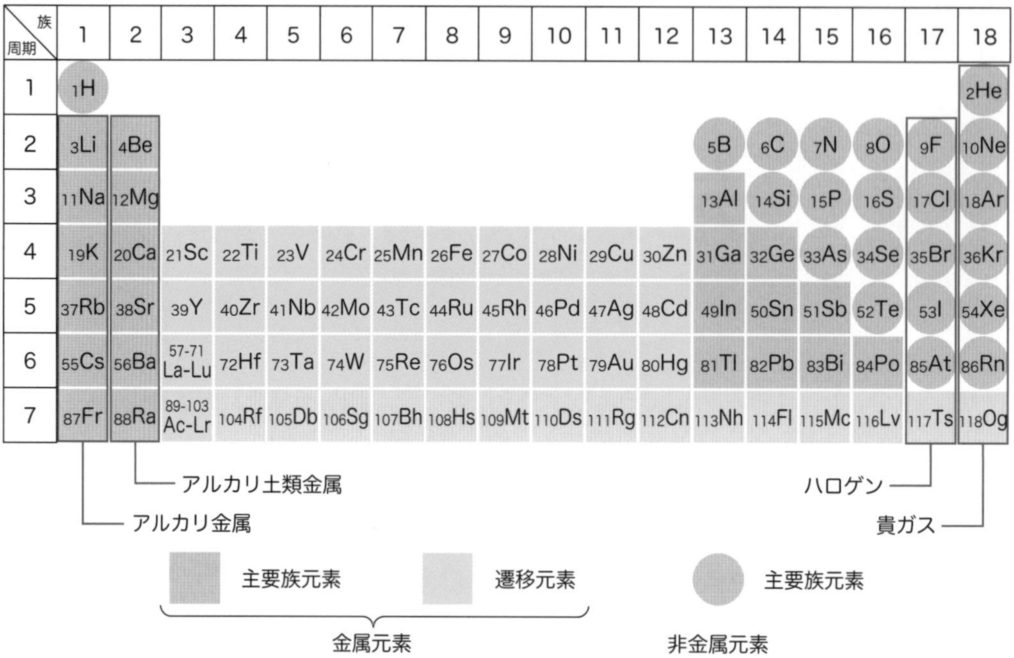

図 4.1 周期表と元素の分類
原子番号 104 以降の元素の性質は不明である．

グループ分けされて，アルカリ金属やハロゲンのような名称がつけられている．

4.1.2 金属元素と非金属元素

周期表で，Al と Po を結んだ線よりも左下に位置する元素を**金属元素**（metallic element）という．金属元素は最外殻の軌道に存在する電子が少なく，電子を放出することで安定な電子配置となるため，陽イオンになりやすい．単体は金属光沢をもち，電気や熱をよく伝える．

一方，H と，周期表で B と At を結んだジグザグ線よりも右上に位置する元素を**非金属元素**（nonmetallic element）という．非金属元素は最外殻の軌道に収容されている電子が多く，さらに電子を受け入れることで安定な電子配置となるため，陰イオンになりやすい．

なお，金属と非金属との境界近くにある B, Si, Ge, As, Sb, Te などの元素は，金属と非金属の中間的な性質を示すため，**半金属**（metalloid）と呼ばれることがある．このうち，ケイ素 Si やゲルマニウム Ge は半導体の材料として用いられる．

4.1.3 主要族元素と遷移元素

　周期表の 1, 2, 13 〜 18 族[*1] の元素を**主要族元素** (main group element) または**典型元素** (typical element) という．同じ周期で原子番号が増えるに従って，最外殻の s 軌道や p 軌道の電子が 1 個ずつ増加することで，性質が周期的に大きく変化する．

　一方，周期表の 3 〜 12 族[*1] の元素を**遷移元素** (transition element) という．第 4 周期の遷移元素の電子配置を右に示す．遷移元素では，同じ周期で原子番号が増えるに従って，最外殻から一つ内側にある電子殻の d 軌道の電子が増えていく．そのため，遷移元素の原子は最外殻の s 軌道の電子が 2 個または 1 個のままとなり，周期表で隣り合う元素の性質が類似する．

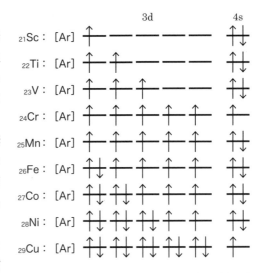

*1　12 族の元素は遷移元素に含めない場合もある．

4.1.4 アルカリ金属

　H を除く周期表の 1 族の元素を**アルカリ金属** (alkali metal) という．アルカリ金属の原子は最外殻の s 軌道に電子を 1 個もち，これを失うことで貴ガスと同様の安定な電子配置となるため，1 価の陽イオンになりやすい．単体は，金属にしては密度が小さく，水や空気と容易に反応する．特有の炎色反応を示す．

4.1.5 アルカリ土類金属

　周期表の 2 族の元素[*2]を**アルカリ土類金属** (alkali earth metal) という．アルカリ土類金属の原子は最外殻の s 軌道に電子を 2 個もち，これを失うことで貴ガスと同様の安定な電子配置となるため，2 価の陽イオンになりやすい．単体は，水や空気と容易に反応するが，アルカリ金属よりは反応性が低い．特有の炎色反応を示す．

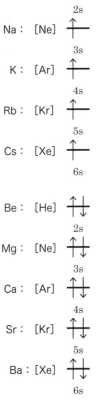

*2　Be, Mg をアルカリ土類金属に含めない場合もある．

37

4.1.6　ハロゲン

　周期表の 17 族の元素を**ハロゲン**（halogen）という．ハロゲンの原子は最外殻の s 軌道に 2 個，p 軌道に 5 個の電子が入っており，電子を 1 個受け入れることで p 軌道が閉殻となるため，1 価の陰イオンになりやすい．単体は二原子分子であり，すべて有色で，酸化力が強い．

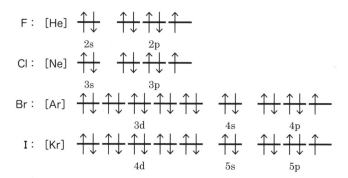

4.1.7　貴ガス

　周期表の 18 族の元素を**貴ガス**（noble gas）という．He は 1s 軌道に 2 個の電子が，それ以外は最外殻の s 軌道に 2 個，p 軌道に 6 個の電子が入ってそれぞれ閉殻となっているため，他の原子と結合を作りにくく，単原子分子として存在する．

He：　↑↓
　　　1s

Ne：　[He]　↑↓　　↑↓ ↑↓ ↑↓
　　　　　　　2s　　　　2p

Ar：　[Ne]　↑↓　　↑↓ ↑↓ ↑↓
　　　　　　　3s　　　　3p

Kr：　[Ar]　↑↓ ↑↓ ↑↓ ↑↓ ↑↓　　↑↓　　↑↓ ↑↓ ↑↓
　　　　　　　　　3d　　　　　　　　4s　　　　4p

Xe：　[Kr]　↑↓ ↑↓ ↑↓ ↑↓ ↑↓　　↑↓　　↑↓ ↑↓ ↑↓
　　　　　　　　　4d　　　　　　　　5s　　　　5p

例題 4.1

次の元素のうち，下の (1) ～ (8) にあてはまるものをすべて選び，元素記号で記せ．

　水素　　ナトリウム　　アルゴン　　鉄　　臭素　　バリウム　　金　　鉛

(1) 金属元素　　　　(2) 非金属元素　　　　(3) 主要族元素

(4) 遷移元素　　(5) アルカリ金属　　(6)アルカリ土類金属

(7) ハロゲン　　(8) 貴ガス

解答

(1) Na, Fe, Ba, Au, Pb　　　　　　(2) H, Ar, Br

(3) H, Na, Ar, Br, Ba, Pb　　　　(4) Fe, Au

(5) Na　　(6) Ba　　(7) Br　　(8) Ar

4.2　元素の周期律

4.2.1　イオン化エネルギー

　気体状態の原子の最外殻から電子を1個取り去るときには，取り去った後の陽イオンと電子が静電気力によって引き合うため，これを引き離すためのエネルギーが必要である．気体状態の原子を1価の陽イオンにするのに必要なエネルギーを**イオン化エネルギー**（ionization energy）という．このときの変化は**図4.2**のように表される．

$$M(g) \longrightarrow M^+(g) + e^-$$

　イオン化エネルギーが小さい元素の原子ほど陽イオンになりやすい．原子番号とイオン化エネルギーの関係を**図4.3**に示す．

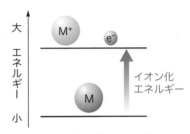

図4.2　イオン化エネルギーのイメージ

(g) は気体状態(gas)であることを表す．

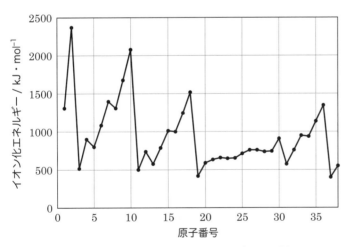

図4.3　原子番号とイオン化エネルギーの関係

　イオン化エネルギーには以下のような傾向がある．

① 同周期の主要族元素では，原子番号が大きくなるにつれてイオン化エネルギーは大きくなる（**図4.4**）．これは，原子番号が大きくなるにつれて原子核の正電荷が増え，最外殻電子がより強く引きつけられるためである．

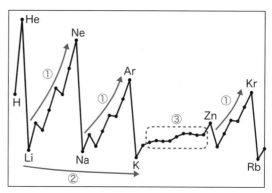

図4.4　イオン化エネルギーの傾向

② 同族の元素では，原子番号が大きくなるにつれて，イオン化エネルギー
は小さくなる（**図4.4**）．これは，原子核からより遠い電子殻にある電
子の方が取り去りやすいためである．

③ 遷移元素では，原子番号が大きくなってもイオン化エネルギーはあま
り変わらない（**図4.4**）．これは，原子番号が大きくなって原子核の正
電荷が増えても，内側の電子殻に電子が加わることで，最外殻電子が
感じる電荷があまり変化しないためである．

④ 13族の元素は，同じ周期の2族の元素に比べてイオン化エネルギーが
やや小さくなる（**図4.5**）．これは，p軌道にたった一つある電子を引き
抜くほうが，閉殻になっているs軌道から電子を引き抜くよりも少な
いエネルギーで済むためである．

Be：[He]　↑↓　―――――　⇒　Be⁺：[He]　↑　―――――
　　　　　2s　　　2p　　　　　　　　　　　2s　　　2p

B：[He]　↑↓　↑――――　⇒　B⁺：[He]　↑↓　―――――
　　　　2s　　　2p　　　　　　　　　　　2s　　　2p

⑤ 16族の元素は同じ周期の15族の元素に比べてイオン化エネルギーが
やや小さくなる（**図4.5**）．これは，15族の元素では半閉殻となってい
るp軌道から電子を引き抜く必要があるが，16族の元素の原子は，電
子を一つ引き抜くことでp軌道が半閉殻となって安定な電子配置とな
るためである．

N：[He]　↑↓　↑ ↑ ↑　⇒　N⁺：[He]　↑↓　↑ ↑ ―
　　　　2s　　　2p　　　　　　　　　　　2s　　　2p

O：[He]　↑↓　↑↓ ↑ ↑　⇒　O⁺：[He]　↑↓　↑ ↑ ↑
　　　　2s　　　2p　　　　　　　　　　　2s　　　2p

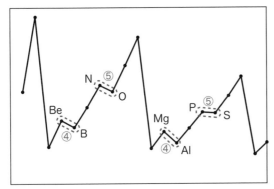

図 4.5　**イオン化エネルギーの傾向**

例題 4.2

(1) 〜 (3) の元素を，次の例にならってイオン化エネルギーが大きいものから順に記せ.

例) He ＞ H ＞ Li

(1) Ne　Ar　Kr　　　　(2) Li　C　F　　　　(3) Be　Mg　Al

解答　(1) Ne ＞ Ar ＞ Kr　　(2) F ＞ C ＞ Li　　(3) Be ＞ Mg ＞ Al

▶▶▶ 解説 ⋯⋯⋯⋯⋯⋯⋯⋯⋯⋯⋯⋯⋯⋯⋯⋯⋯⋯⋯⋯⋯⋯⋯⋯⋯⋯⋯⋯

(1) Ne, Ar, Kr はいずれも 18 族の元素であり，原子核からより遠い電子殻にある電子のほうが取り去りやすいため，原子番号が大きいほどイオン化エネルギーは小さくなる.

(2) Li, C, F はいずれも第 2 周期の元素であり，原子核の正電荷が大きくなるほど最外殻電子がより強く引きつけられるため，原子番号が大きいほどイオン化エネルギーは大きくなる.

(3) Be, Mg は 2 族の元素であり，原子核からより遠い電子殻にある電子の方が取り去りやすいため，原子番号が大きい Mg の方がイオン化エネルギーは小さくなる. また，Mg と Al はいずれも第 3 周期の元素であるが，Mg は閉殻となっている 3s 軌道から電子を引き抜く必要があるのに対し，Al は 3p 軌道にたった一つある電子を引き抜くだけなので，Mg よりも Al の方が電子を失いやすく，イオン化エネルギーは小さくなる.

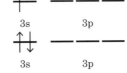

4.2.2　高次のイオン化エネルギー　NEW

　水素以外の元素の原子は複数の電子をもつため，2個以上の電子を失う可能性がある．1価の陽イオンから電子を取り去り，2価の陽イオンにするのに必要なエネルギーを**第二イオン化エネルギー**（second ionization energy），2価の陽イオンから電子を取り去り，3価の陽イオンにするのに必要なエネルギーを**第三イオン化エネルギー**（third ionization energy）という(以下同様)．

$$\text{第一イオン化エネルギー} \quad M(g) \longrightarrow M^+(g) + e^-$$
$$\text{第二イオン化エネルギー} \quad M^+(g) \longrightarrow M^{2+}(g) + e^-$$
$$\text{第三イオン化エネルギー} \quad M^{2+}(g) \longrightarrow M^{3+}(g) + e^-$$

　正電荷をもつ陽イオンから負電荷をもつ電子を引き抜くには，中性の原子から電子を引き抜くのに比べてより多くのエネルギーを要する．よって，各段階のイオン化エネルギーを同じ元素で比較したときは，第一 < 第二 < 第三…と大きくなっていく(図4.6)．

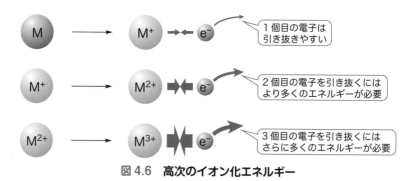

図 4.6　**高次のイオン化エネルギー**

　また，各段階間のイオン化エネルギーの差は，元素によって大きく変化する．たとえば，リチウム Li の場合を考える(図4.7)．Li 原子は 2s 軌道に電子を1個もち，これを失うと安定な He と同様の電子配置となるため，1個目の電子を取り去る際は少ないエネルギーで済む．しかし，Li⁺ は安定な He と同様の電子配置となっているため，2個目の電子を取り去るためには，閉殻となっている 1s 軌道から電子を引き抜く必要があり，大きなエネルギーが必要となる．よって，リチウムの第一イオン化エネルギーは比較的小さく，第二イオン化エネルギーは比較的大きい値をとると予想される．

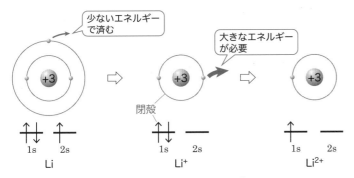

少ないエネルギーで済む

大きなエネルギーが必要

閉殻

1s　2s
Li

1s　2s
Li⁺

1s　2s
Li²⁺

図 4.7　リチウムのイオン化

例題 4.3

次の表は，原子番号 $10 \sim 20$ の元素のうち，いくつかの元素の第一イオン化エネルギー E_{i1} から，第四イオン化エネルギー E_{i4} までを示したものである．**ア〜ウ**に当てはまる元素を元素記号で記せ．

	E_{i1}	E_{i2}	E_{i3}	E_{i4}
ア	578	1817	2745	11577
イ	590	1145	4912	6474
K	419	3051	4411	5877
Mg	738	1451	7733	10540
ウ	496	4562	6912	9543

単位：kJ/mol

解答　**ア**：Al　　**イ**：Ca　　**ウ**：Na

▶▶ 解説

アは，E_{i3} の値が他の元素よりも小さく，E_{i3} に比べて E_{i4} の値が急激に大きくなっている．つまり，3 個目までの電子は取り去りやすいということなので，原子番号 $10 \sim 20$ の元素の中で，3 価の陽イオンになりやすい Al とわかる．

イは，Mg と同様に E_{i2} の値が他の元素よりも小さく，E_{i2} に比べて E_{i3} の値が急激に大きくなっている．つまり，2 個目までの電子は取り去りやすいということなので，2 価の陽イオンになりやすい元素とわかる．原子番号 $10 \sim 20$ の元素の中で，Mg と同様に 2 価の陽イオンになりやすい元素は Ca である．

ウは，K と同様に E_{i1} の値が他の元素よりも小さく，E_{i1} に比べて E_{i2} の値が急激に大きくなっている．つまり，1 個目の電子のみが取り去りやすいということなので，1 価の陽イオンになりやすい元素とわか

る．原子番号 10 〜 20 の元素の中で，K と同様に 1 価の陽イオンに
なりやすい元素は Na である．

4.2.3　電子親和力

気体状態の原子の最外殻に電子を 1 個与えて，1 価の陰イオンになると
きに放出されるエネルギー*を**電子親和力**（electron affinity）という（**図
4.8**）．

$$M(g) \; + \; e^- \; \longrightarrow \; M^-(g)$$

電子親和力が大きい元素の原子ほど陰イオンになりやすい．原子番号と
電子親和力の関係を**図 4.9** に示す．

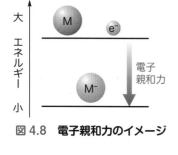

図 4.8　**電子親和力のイメージ**

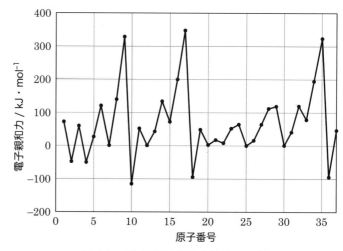

図 4.9　**原子番号と電子親和力の関係**

電子親和力にはイオン化エネルギーほどの周期性は見られないが，以下
のような特徴がある．

① 同周期では，ハロゲンの電子親和力が最も大きい（**図 4.10**）．これは，
　一価の陰イオンとなることで p 軌道が閉殻となり，安定になるためで
　ある．

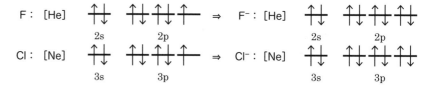

② 貴ガスの電子親和力は小さく，負の値となる（**図 4.10**）．これは，貴ガ
　スの電子配置が安定であり，電子を受け入れにくいことを表している．

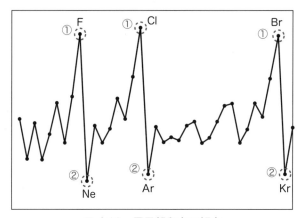

図 4.10　電子親和力の傾向

③ 1 族の元素は 2 族の元素に比べて電子親和力は大きくなる（**図 4.11**）.
これは，1 族の元素は s 軌道に電子を 1 個もつため，電子を 1 個受け
入れると，s 軌道が閉殻となり，安定になるためである．2 族の元素は
s 軌道が閉殻となっており，電子を 1 個受け入れても安定な電子配置
にはならない.

Li：[He] ↑ ―――― ⇒ Li⁻：[He] ↑↓ ――――
　　　　2s　　　2p　　　　　　　　　　2s　　　　2p

Be：[He] ↑↓ ―――― ⇒ Be⁻：[He] ↑↓ ↑ ――
　　　　2s　　　2p　　　　　　　　　　2s　　　　2p

④ 14 族の元素は 15 族の元素に比べて電子親和力は大きくなる（**図 4.11**）.
これは，14 族の元素は三つの p 軌道のうち二つが電子を 1 個もつため，
残りの一つの p 軌道に電子を 1 個受け入れると，p 軌道が半閉殻となり，
安定になるためである．15 族の元素は p 軌道がすでに半閉殻となって
いるため，電子を 1 個受け入れても安定な電子配置にはならない.

C：[He] ↑↓ ↑ ↑ ― ⇒ C⁻：[He] ↑↓ ↑ ↑ ↑
　　　　2s　　　　2p　　　　　　　　2s　　　　2p

N：[He] ↑↓ ↑ ↑ ↑ ⇒ N⁻：[He] ↑↓ ↑↓ ↑ ↑
　　　　2s　　　　2p　　　　　　　　2s　　　　2p

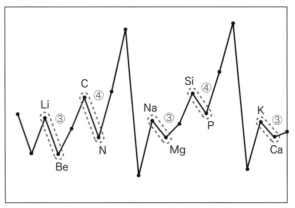

図 4.11　**電子親和力の傾向**

例題 4.4

(1) ～ (3) の元素について，電子親和力が大きいものをそれぞれ選べ．

　(1) S と Cl　　　　(2) H と He　　　(3) Si と P

解答　　(1) Cl　　　　(2) H　　　(3) Si

▶▶▶ 解説 ……………………………………………………………

(1) Cl は電子を 1 個受け入れると，貴ガスの Ar と同様の安定な電子配置をとるため，電子親和力が大きい．Cl は全元素の中で電子親和力が最大である．

(2) H は電子を 1 個受け入れると，貴ガスの He と同様の安定な電子配置をとるため，電子親和力が比較的大きい．一方，He は原子の状態で安定な電子配置なので，電子を 1 個受け入れても安定にならず，負の値をとる．

(3) Si 原子は三つの 3p 軌道のうち二つが電子を 1 個もつため，残りの一つの 3p 軌道に電子を 1 個受け入れると，3p 軌道が半閉殻となり，安定になるため電子親和力が大きい．一方，P 原子は 3p 軌道がすでに半閉殻となっており，電子を 1 個受け入れても安定な電子配置にはならないため電子親和力は小さい．

1 元素の中には，性質が類似しており，グループ分けされて名称がつけられているものがある．原子が次の(1) ～ (4)の電子配置をもつ元素のグループの名称を記せ．

(1) $[\text{He}]\,2s^1$，　$[\text{Ne}]\,3s^1$，　$[\text{Ar}]\,4s^1$

(2) $[\text{He}]\,2s^2\,2p^5$，　$[\text{Ne}]\,3s^2\,3p^5$，　$[\text{Ar}]\,3d^{10}\,4s^2\,4p^5$

(4) $[\text{He}]\,2s^2$，　$[\text{Ne}]\,3s^2$，　$[\text{Ar}]\,4s^2$

(4) $[\text{Ar}]\,3d^2\,4s^2$，　$[\text{Ar}]\,3d^5\,4s^1$，　$[\text{Ar}]\,3d^6\,4s^2$

2 (1) ～ (3)の元素を，次の例にならって第一イオン化エネルギーが大きいものから順に記せ．

例) $\text{He} > \text{H} > \text{Li} > \text{Na}$

(1) Ar　He　Ne　Xe　　　　(2) F　He　O　S

(3) Ca　F　He　Mg

3 MgとAlのうち，第三イオン化エネルギーが大きいのはどちらか．その理由とともに記せ．

4 LiとKのうち，第二イオン化エネルギーが大きいのはどちらか．その理由とともに記せ．

5 (1)，(2) の元素を，次の例にならって電子親和力が大きいものから順に記せ．

例) $\text{F} > \text{O} > \text{C} > \text{Be}$

(1) Si　P　S　Cl　　　　(2) H　F　Cl　Ar

章末問題

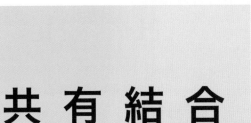

第5章

共 有 結 合

❖ この章の目標 ❖

☐ 原子の電子式が書ける

☐ 共有結合の成り立ちを理解する

☐ 簡単な分子の電子式，構造式が書ける

☐ 共鳴とは何かを理解し，共鳴構造が書ける

☐ 形式電荷とは何かを理解し，形式電荷を記すことができる

☐ オクテット則を満たしていない原子を含む電子式が書ける

● この章で学ぶこと……………………

われわれの身の周りにある物質は，最小の構成粒子である原子がさまざまな化学結合で結びついてできている．この章では，水や二酸化炭素，タンパク質や炭水化物などに含まれる共有結合について，その成り立ちを理解するとともに，電子式を用いてその構造を表す方法を学ぶ．

5.1　化学結合と電子配置

5.1.1　オクテット則

　前章までで学んだように，貴ガス以外の原子は，安定な貴ガスの電子配置をとろうとする傾向がある．K殻は，1s軌道が2個の電子で満たされれば安定なヘリウムの電子配置をとる．また，それ以外の電子殻はs軌道とp軌道が合計8個の電子で満たされれば安定な貴ガスの電子配置となる．つまり，第2周期以降の主要族元素の原子は，化学結合を形成する際，最外殻電子の数が8個の電子配置をとろうとする．この法則を**オクテット則**（octet rule）という．ただし，第3周期以降の元素はオクテット則を満たさない場合もある（後述）．

5.1.2　電子式

　原子が化学結合を形成する場合，一般に最も外側の電子殻に収容された電子（最外殻電子）が結合に関与する．このような電子を**価電子**（valence electron）という．化学結合を考えるときには，元素記号の周りに最外殻電子のみを「•」で表した**電子式**（electronic formula）を用いると都合がよい．

ルイス式

電子式は，提唱したアメリカの化学者ルイスにちなんでルイス式（Lewis formula）またはルイス構造（Lewis structure）とも呼ばれる．点電子式や点電子構造と呼ばれることもある．

K殻には最大で2個の電子しか
収容できないので，2個目を対にする

図5.1　水素原子，ヘリウム原子の電子式

ルイス
(Gilbert Newton Lewis,
1875-1946)
アメリカの化学者．オクテット則
の提唱などの化学結合理論の他
に，ルイス酸の概念の確立など，
多くの分野でノーベル賞に値する
功績があったが，不可解にも受賞
に至らなかった．また彼は実験室
で不可解な死を遂げてしまった．

第1周期の元素は，最外殻のK殻に最大で2個の電子を収容できるので，
Heは2個の電子を対にして書く（図5.1）．このとき，対になっている電
子を**電子対**（electron pair），対になっていない電子を**不対電子**（unpaired
electron）という．

第2周期以降の典型元素は，最外殻に最大で8個の電子を収容できる
ので，元素記号の上下左右にそれぞれ2個ずつ電子を配置する．このとき，
4個目までは上下左右に1個ずつ不対電子として書き，5個目以降は上下
左右に電子対になるように書く（図5.2）．

4個目までは不対電子にする　　　　5個目以降は電子対にする

図5.2　炭素原子，窒素原子の電子式

周期表の第3周期までの元素について，その原子の電子式を図5.3に
示す．

H·							He:
Li·	·Be	·B·	·C·	·N·	·O·	·F·	:Ne:
Na·	·Mg·	·Al·	·Si·	·P·	·S·	·Cl·	:Ar:

図5.3　原子の電子式

5.2　共有結合と電子式

5.2.1　共有結合と分子の形成

電子を受け入れやすい非金属元素の原子同士は，互いに電子を出し合っ
て2原子間で共有することで，安定な電子配置になろうとする．たとえば，
2個の水素原子は，それぞれの原子がK殻にもつ電子を2原子間で共有
して水素「分子」を形成する．このとき，2個の水素原子はいずれもヘリウ
ムと同じ安定な電子配置となる．これを電子式で表すと，不対電子を出し

合って共有することで,貴ガスの電子配置を満たしていることがわかる(図 5.4).

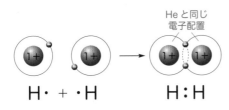

図 5.4　**水素分子の形成**

また,水素原子とフッ素原子も,水素原子が K 殻にもつ電子とフッ素原子が L 殻にもつ電子を 2 原子間で共有してフッ化水素「分子」を形成する.このとき,水素原子はヘリウムと同じ,フッ素はネオンと同じ,いずれも安定な電子配置となる.これを電子式で表すと,不対電子を出し合って共有することで,貴ガスの電子配置を満たしていることがわかる(図 5.5).

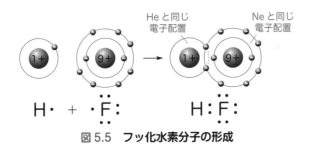

図 5.5　**フッ化水素分子の形成**

このように,2 原子間で電子対を共有することで形成される結合を**共有結合**(covalent bond)という.原子間で共有された電子対を**共有電子対**(shared electron pair)[*1],原子間で共有されていない電子対を**非共有電子対**(unshared electron pair)[*1] または**孤立電子対**(lone pair)という(図 5.6).また,1 組の共有電子対を 1 本の線で示した**構造式**(structural formula)を用いる場合もある.

図 5.6　**フッ化水素の電子式と構造式**

また,フッ化水素のように,1 対の結合電子対による共有結合を**単結合**(single bond)という.一方,2 対の結合電子対による**二重結合**(double

*1　共有電子対は結合電子対(bonding pair),非共有電子対は非結合電子対(nonbonding pair)ともよばれる.

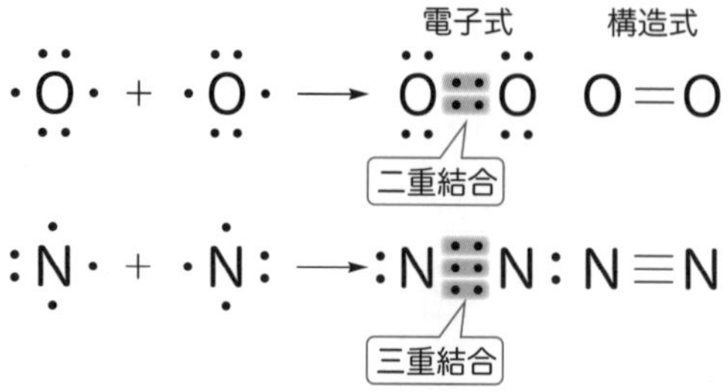

図 5.7　二重結合や三重結合の電子式と構造式

bond) や，3 対の結合電子対による**三重結合** (triple bond) も存在する．このときも，それぞれの原子がオクテット則を満たすように電子を配置する（図 5.7）．

例題 5.1

次の (1) 〜 (3) の分子の電子式および構造式を記せ．

(1) H_2S　　　(2) CO_2　　　(3) HCN

解答　(1) H:S̈:H　,　H—S—H

(2) Ö::C::Ö　,　O=C=O

(3) H:C::N:　,　H—C≡N

▶▶ 解説 ·····································

(1)　H· + ·S̈· + ·H　⟶　H:S̈:H

(2)　·Ö· + ·C· + ·Ö·　⟶　Ö::C::Ö

(3)　H· + ·C· + ·N:　⟶　H:C::N:

5.2.2　やや難しい電子式 NEW

前項では，不対電子を共有するだけでオクテット則を満たす分子を作ることができた．しかし，それだけではうまく電子式を作れない分子がある．そのような分子やイオンの電子式の作り方を，オゾン O_3 の電子式を例に示す．

手順①　分子中のすべての原子の価電子の総和を求める．陽イオンではその価数の分だけ電子を除き，陰イオンではその価数の分だけ電子を追加する．

オゾンは 3 つの O 原子からなるので　　$6 \times 3 = 18$ 個

手順②　原子のつながり方をもとに原子を配置し，各原子の間に一組の共

有電子対を配置する．このとき，中心原子は水素を除く電気陰性度
（次章で詳しく述べる）の最も小さい元素の原子となる場合が多い．

　　オゾンは 3 つの O 原子が直鎖状に結合しているので，

$$\text{O:O:O}$$

手順③　この時点で残っている電子を，末端の原子がオクテット則を満た
すように配置する．

　　18 − 4 ＝ 14 個の電子が残っているので，そのうち 12 個を末端
の O 原子に配置すると，

$$\ddot{\text{O}}\text{:O:}\ddot{\text{O}}$$

手順④　この時点で残っている電子を，中心原子に配置する．

　　18 − 16 ＝ 2 個の電子が残っているので，これを中心の O 原
子に配置すると，

$$\ddot{\text{O}}\text{:}\ddot{\text{O}}\text{:}\ddot{\text{O}}$$

手順⑤　この時点で中心原子の電子が 8 個以下の場合，オクテット則を
満たすように，末端原子の非共有電子対を使って二重結合や三重結
合を作る．このとき，電子対の移動を巻き矢印で表している．

　　中心の O 原子は 2 個の電子を加えるとオクテット則を満たす
ので，

$$\ddot{\text{O}}\text{:}\ddot{\text{O}}\text{:}\ddot{\text{O}} \quad \Rightarrow \quad \ddot{\text{O}}\text{::}\ddot{\text{O}}\text{:}\ddot{\text{O}}$$

5.2.3　形式電荷 NEW

　前項で述べた電子式の書き方では，もとの原子がいくつの電子をもって
いたかは考慮してない．しかし原子の状態に比べて電子を失っているのか
得ているのかを知ることは，その分子の性質を考えるうえで重要である．
　そこで，共有電子対が均等に配分されたと仮定したときに，原子が帯び
ている電荷を**形式電荷**（formal charge）という．原子の状態に比べて電子
が不足している場合はその数に「＋」を，電子が過剰になっている場合はそ
の数に「−」を記して表す．たとえば，オゾンの場合は次のように形式電荷
を決めることができる．

手順⑥　共有電子対を 2 つの原子に均等に配分し，その数を原子の価電
子の数と比較する．

　　O 原子はもともと 6 個の価電子をもつ．真ん中の O 原子は電子

を1個失っており，＋の電荷をもつ．また，右側のO原子は電子を1個得ているので，－の電荷をもつ．

$$:\ddot{O}::\ddot{O}:\ddot{O}: \quad \Rightarrow \quad :\ddot{O}::\overset{+}{\ddot{O}}:\overset{-}{\ddot{O}}:$$

6個　5個　7個

ただし，形式電荷はあくまでも形式的なものであり，実際の電荷状態を表しているわけではないことに注意してほしい．

例題 5.2

次の(1), (2)の分子およびイオンの電子式を，すべての原子がオクテット則を満たすように記せ．また，形式電荷も記すこと．

(1) CO　　　(2) $CO_3{}^{2-}$

解答

(1) $:\ddot{C}::\overset{+}{\ddot{O}}$　　(2) $[\ddot{O}:C:\ddot{O}]$　　$:\ddot{O}:$

▶▶▶ **解 説**

(1)

手順①　価電子の数はCが4個，Oが6個なので，価電子の数の総和は，4＋6＝10個

手順②　CとOを一組の電子対でつなぐ．　C:O

手順③　10−2＝8個の電子が残っているので，中心原子をCと考えて，Oがオクテット則を満たすように電子を配置する．　C:Ö:

手順④　10−8＝2個の電子が残っているので，中心原子のCに配置する．　:C:Ö:

手順⑤　Cがオクテット則を満たすように電子対を移動させる．　:C:Ö: ⇒ :C::Ö:

手順⑥　形式電荷を数えて記す．　:C::Ö: ⇒ :C̄::Ö:⁺

5個　5個

(2)

手順①　価電子の数はCが4個，Oが6個なので，価電子の数の総和は，4＋6×3＋2＝24個

手順②　中心原子をCとして，Cとそれぞれのoを一組の電子対でつなぐ．　O:C:O　O

手順③　24 − 6 = 18 個の電子が残っているので，O が
　　　　オクテット則を満たすように電子を配置する．こ
　　　　の時点で価電子をすべて使ったので，中心原子の
　　　　C にはこれ以上電子を配置できない．

:Ö:C:Ö:
　　:Ö:

手順⑤　C がオクテット則を満たすよう
　　　　に電子対を移動させる．

:Ö:C:Ö:　⇒　:Ö:C:Ö:
　　:Ö:　　　　　　:Ö:

手順⑥　形式電荷を数えて記す．

7個 4個 7個
:Ö:C:Ö:　⇒　⁻:Ö:C:Ö:⁻
　　:Ö: 6個　　　　:Ö:

5.2.4　共鳴構造 NEW

オゾン O_3 の電子式を書くとき，二重結合をどちらに書いてもオクテット則を満たす．

:Ö::Ö:Ö:⁻　または　⁻:Ö:Ö::Ö:

オゾンの2つの酸素間結合の距離が等しく等価であることは実験的にわかっており，上記の2つの電子式はどちらも単独では正しくない．しかし，実際の電子構造が，この2つの電子式の重ね合わせであると考えればつじつまが合う．このような複数の電子式の重ね合わせのことを**共鳴**(resonance)といい，一つ一つの電子式を**共鳴構造**(resonance structure)，共鳴によって表した分子の電子構造を**共鳴混成体**(resonance hybrid)という．共鳴混成体は，存在する共鳴構造を ⟷ で結んで表す．

共鳴構造　　　　共鳴構造

:Ö::Ö:Ö:⁻　⟷　⁻:Ö:Ö::Ö:

共鳴混成体

第2章で学んだように，電子は原子の中で特定の位置にとどまっているのではなく，分布をもつ．つまり，電子が特定の原子または原子間に局在化している(とどまっている)ように表記する電子式では，正確な電子構造を表すことができない．しかし，共鳴を用いることで，ある程度，現実に近い分子の電子構造を表すことができる．

分子の電子構造をより正確に表す方法に分子軌道法がある (**図 5.8**)．分子を構成する原子の軌道から新たな分子の軌道が生じるという考え方である．たとえば，水素分子は2つの 1s 軌道の重ね合わせによって生じる結合性分子軌道に電子が収容されていると考えることができる (詳しくは物理化学で学ぶ)．

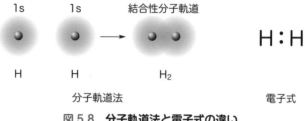

図 5.8 **分子軌道法と電子式の違い**

しかし，分子軌道法は非常に複雑になってしまうことが多い．そのため，簡便にある程度正確な電子構造を表すことができる電子式が広く用いられている．

例題 5.3

炭酸イオン CO_3^{2-} について，オクテット則を満たす電子式を用いた 3 つの共鳴構造を，すべて ⟷ で結んで記せ．

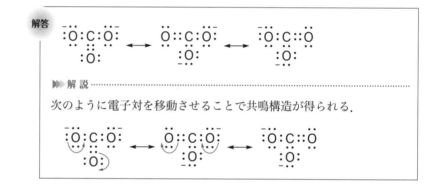

解答

▶▶▶ 解説 ....

次のように電子対を移動させることで共鳴構造が得られる．

5.2.5 オクテット則を満たさない分子 NEW

前項までは，オクテット則を満たすように電子式を作った．しかし，中にはオクテット則を満たさない分子も存在する．たとえば，三フッ化ホウ素 BF_3 は中心原子のホウ素まわりの電子が 6 個しかなく，電子不足化合物と呼ばれる（**図 5.9**）．また，二酸化窒素 NO_2 は，窒素原子まわりの電子が 7 個しかなく，不対電子をもつ．

$$:\!\ddot{F}\!:\!B\!:\!\ddot{F}\!: \qquad :\!\ddot{O}\!:\!:\!N\!:\!\ddot{O}\!:$$

$$:\!\ddot{F}\!:$$

図 5.9 **BF_3，NO_2 の電子式**

また，第 3 周期以降の元素では，8 個以上の電子を最外殻にもつ場合もある（**図 5.10**）．たとえば，1 つの硫黄原子がフッ素と結合してできる化

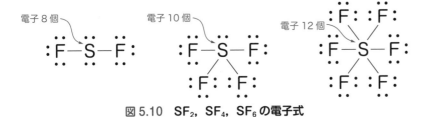

図 5.10 SF_2，SF_4，SF_6 の電子式

合物には，SF_2，SF_4，SF_6 などが存在する．SF_2 はオクテット則を満たす構造を作ることができるが，SF_4 は硫黄原子まわりに 10 個の電子が，SF_6 は硫黄原子まわりに 12 個の電子が存在し，オクテット則を満たしていない．なお，ここでは中心原子の電子数が多くなると見づらいので，共有電子対については構造式と同様に線で表している．

例題 5.4

次の (1)，(2) の分子およびイオンの電子式を記せ．ただし，共有電子対は線で記し，存在する場合は形式電荷も記すこと．

　(1) PCl_5　　　(2) SiF_6^{2-}

解答

(1) 　(2)

▶▶ 解説 ....

(1)

手順①　価電子の数は P が 5 個，Cl が 7 個なので，価電子の数の総和は，$5 + 7 \times 5 = 40$ 個

手順②　中心原子を P として，P とそれぞれの Cl を一組の電子対(一本の線)でつなぐ．

手順③　$40 - 10 = 30$ 個の電子が残っているので，Cl がオクテット則を満たすように電子を配置する．この時点で価電子をすべて使っており，P にはこれ以上電子を配置できない．また，P は 10 個の電子をもつため，多重結合を作る必要もない．

手順⑥　P は最外殻に 5 個の，Cl は最外殻に 7 個のそれぞれ原子の状態と同じ数の電子をもつので，形式電荷は 0 である．

(2)

手順①　価電子の数は Si が 4 個，F が 7 個なので，価電子の数の総

和は，$4 + 7 \times 6 + 2 = 48$ 個

手順②　中心原子を Si として，Si とそれぞれの F を一組
の電子対(一本の線)でつなぐ．

手順③　$48 - 12 = 36$ 個の電子が残っているので，F
がオクテット則を満たすように電子を配置する．
この時点で価電子をすべて使っており，Si には
これ以上電子を配置できない．また，Si は 12 個
の電子をもつため，多重結合を作る必要もない．

手順⑥　Si は最外殻に 6 個の電子をもち，原子の状態
に比べて電子を 2 個多くもつので，2− の形式電
荷をもつ．一方，F は最外殻に 7 個の電子をもち，
原子の状態と同じ数の電子をもつので，形式電
荷は 0 である．

章末問題

1 (1) 〜 (5)の分子またはイオンの電子式を，すべての原子がオクテット
則を満たすように記せ．

(1) HCl　　　(2) CH_3Cl　　　(3) C_2H_6

(4) SO_2　　　(5) ClO^-

2 (1) 〜 (3)の分子またはイオンについて，( )内の指示に従って電子式
を記せ．

(1) NO（N 原子は不対電子をもつ）

(2) ClF_3（Cl 原子はオクテット則を満たしていない）

(3) H_3PO_4（P 原子はオクテット則を満たしていない）

3 硫酸 H_2SO_4 について，次の(1)，(2)にあてはまる電子式を記せ．

(1) S 原子がオクテット則を満たす．

(2) S 原子まわりの電子が 12 個になる．

4 (1) 〜 (3)の分子またはイオンについて，オクテット則を満たす電子式
を用いた共鳴構造をすべて ⟷ で結んで記せ．なお，( )内に結合
の順番を示した．

(1) N_2O (N−N−O)　　(2) HCO_2^- $\left(\begin{array}{c}H-C-O\\ | \\ O\end{array}\right)$　　(3) NO_3^- $\left(\begin{array}{c}O-N-O\\ | \\ O\end{array}\right)$

第 6 章

分子の形と極性

● この章で学ぶこと

物質の性質は，その分子の形や極性によって決まる．この章では，前章で学んだ電子式をもとにして分子の形を推定し，電気陰性度をもとにその分子の極性を判別できるようにする．

❖ この章の目標 ❖

☐ VSEPR 則をもとに分子の形を推定できる

☐ 電気陰性度をもとに，結合の極性の大小を比較できる

☐ 分子の極性の有無を判断できる

☐ 分子間力をもとに，物質の沸点を比較できる

6.1 分子の形

6.1.1 VSEPR 則 NEW

分子やイオンの形を推定する方法として，**VSEPR 則**（Valence Shell Electron Pair Repulsion：原子価殻電子対反発則）がある．VSEPR 則を用いるときには，次の①，②の規則を適用する．

① 分子やイオンの電子式を書き，共有電子対や非共有電子対，不対電子を１つの「電子雲」として考える．二重結合や三重結合などの多重結合の場合は，まとめて１つの電子雲とする．

② 電子雲同士の反発が小さくなるように，なるべく離れたところに電子雲が配置される．このとき，非共有電子対のほうが，共有電子対よりも反発が強くなる．

これをもとに，さまざまな分子の形を考えてみよう．

メタン

炭素原子の周りには４つの共有電子対があり，これらがなるべく離れ

たところに配置される．すると，4つの水素原子が正四面体の頂点に，炭素原子がその中心に配置された正四面体形の分子となる．このとき，H−C−Hの結合角は109.5°である．構造式を用いて分子を立体的に表す場合，紙面の手前方向に伸びている結合をくさび形の実線（━━）で，紙面の奥方向に伸びている結合をくさび形の破線（┈┈┉┉）で表す．

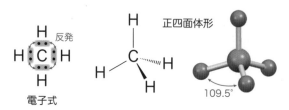

図6.1　メタンの電子式と分子の形

アンモニア

　窒素原子の周りには3つの共有電子対と1つの非共有電子対があり，これらがなるべく離れたところに配置される．すると，3つの水素原子と1つの窒素原子からなる三角錐形の分子となる．H−N−Hの結合角は，メタンのH−C−Hよりも小さい107°である．これは，共有電子対に比べて非共有電子対のほうが反発が強いためである．

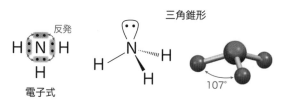

図6.2　アンモニアの電子式と分子の形

水

　酸素原子の周りには2つの共有電子対と2つの非共有電子対があり，これらがなるべく離れたところに配置される．すると，2つの水素原子と酸素原子からなる折れ線形の分子となる．H−O−Hの結合角は，アンモニアのH−N−Hよりもさらに小さい104.5°である．

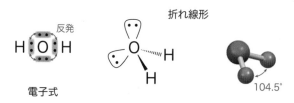

図6.3　水の電子式と分子の形

二酸化炭素

炭素原子の周りには，電子雲としては2つの二重結合のみがあり，これらがなるべく離れたところに配置される．すると，2つの酸素原子と炭素原子が一直線に並んだ直線形の分子となる．

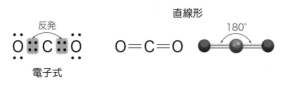

図6.4　二酸化炭素の電子式と分子の形

五塩化リン

リン原子の周りには，5つの共有電子対があり，これらがなるべく離れたところに配置される．すると，まず2つの塩素原子がリン原子の上下に一直線に並び，残りの3つの塩素原子が水平方向にリン原子を中心とした正三角形を形成した，三方両錐形の分子となる．このとき，上下方向の2つの塩素原子の位置をアキシアル位，水平方向の3つの塩素原子の位置をエクアトリアル位という．

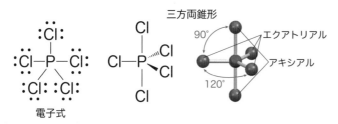

図6.5　五塩化リンの電子式と分子の形

六フッ化硫黄

硫黄原子の周りには，6つの共有電子対があり，これらがなるべく離れたところに配置される．すると，硫黄原子を中心とする正八面体の頂点に6つのフッ素原子が配置された，正八面体形の分子となる．

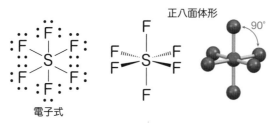

図6.6　六フッ化硫黄の電子式と分子の形

例題6.1

次の (1) 〜 (3) の分子の形を推定し，構造式で記せ．共鳴構造が存在する場合は，そのうちの1つを記せばよい．

(1) HCN　　　(2) SO_2　　　(3) SF_4

解答

(1) H−C≡N　　　(2) 　　　(3)

▶▶解説 ···

(1) 炭素原子まわりの電子雲は単結合と三重結合の2つであり，これらがなるべく離れたところに配置されるので，直線形となる．

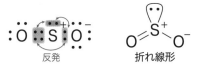

(2) 硫黄原子まわりの電子雲は二重結合，単結合，非共有電子対の3つであり，これらがなるべく離れたところに配置されるので，折れ線形となる．

(3) 硫黄原子まわりの電子雲は4つの単結合と非共有電子対の5つであり，これらがなるべく離れたところに配置されるので，これらは三方両錐形の頂点方向に向く．このとき，より反発の強い非共有電子対が，エクアトリアル位にくる．これは，3つの電子雲と隣接しているアキシアル位よりも，2つの電子雲としか隣接していないエクアトリアル位のほうが，反発が小さくなるためである．なお，硫黄原子とフッ素原子がこのように配置された分子の形をシーソー形と呼ぶことがある．

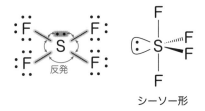

6.2　極　性

6.2.1　結合の極性と電気陰性度

　同じ元素の原子が共有結合を作ると，共有電子対は2つの原子間で偏ることなく均等に分布する．しかし，異なる元素の原子が共有結合を作ると，共有されている電子はどちらかの原子に偏って分布する．

　たとえば，H_2分子では，共有されている電子は2つのH原子に均等に分布する（図6.7）．一方，HCl分子では，H原子よりもCl原子のほうが電子を強く引きつけるので，H原子は電子密度が小さくなって正に帯電し，Cl原子は電子密度が大きくなって負に帯電する．正に帯電している原子には「δ+」を，負に帯電している原子には「δ−」を付けて表す．また，HClの共有結合のように，電荷の偏りがあることを結合に**極性**（polarity）があるという．極性は，電子が偏る方向に向かう矢印で表す．

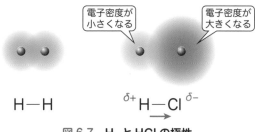

図 6.7　H_2とHClの極性

　原子が結合電子を引きつける強さを数値化したものを**電気陰性度**（electronegativity）という．ポーリングが決めた各元素の電気陰性度を図6.8に示す．周期表において，貴ガスを除く右上にある元素ほど電気陰性度は大きくなる．また，貴ガスは結合を作りにくいので，電気陰性度の値は定義されていない．電気陰性度の差が大きい結合ほど，極性は大きくなる．

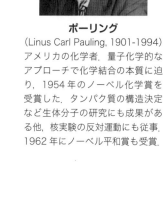

ポーリング
(Linus Carl Pauling, 1901-1994)
アメリカの化学者．量子化学的なアプローチで化学結合の本質に迫り，1954年のノーベル化学賞を受賞した．タンパク質の構造決定など生体分子の研究にも成果がある他，核実験の反対運動にも従事．1962年にノーベル平和賞も受賞．

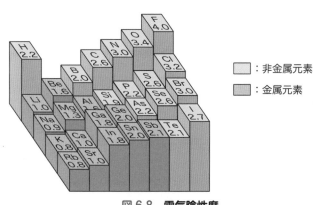

図 6.8　電気陰性度

例題 6.2

次の (1)，(2) の結合を，**図 6.8** の電気陰性度をもとに極性が大きい順に並べよ．

(1) H−F　　　H−Cl　　　H−Br　　(2) C−H　　　O−H　　　C=O

解答 (1) H−F ＞ H−Cl ＞ H−Br　　(2) O−H ＞ C=O ＞ C−H

▶▶ 解説 ···

(1) それぞれの結合の電気陰性度の差は

H−F：$4.0 − 2.2 = 1.8$　　　　H−Cl：$3.2 − 2.2 = 1.0$

H−Br：$3.0 − 2.2 = 0.8$

なお，これらはいずれも水素とハロゲンの結合なので，ハロゲンの電気陰性度が大きければ極性も大きいと判断できる．

(2) それぞれの結合の電気陰性度の差は

C−H：$2.6 − 2.2 = 0.4$　　　　O−H：$3.4 − 2.2 = 1.2$

C=O：$3.4 − 2.6 = 0.8$

6.2.2　分子の極性

分子全体として電荷の偏りがないものを**無極性分子**（nonpolar molecule），分子全体として電荷の偏りがあるものを**極性分子**（polar molecule）という．二原子分子では結合の極性の有無がそのまま分子の極性の有無となるが，多原子分子では，分子の形と複数の結合の極性を考慮する必要がある．

たとえば，二酸化炭素の極性を考える（**図 6.9**）．C=O 結合には極性があるが，二酸化炭素分子は直線形であり，2 つの C=O 結合の極性が互いに打ち消し合うため，無極性分子である．

また，水分子の極性を考える（**図 6.10**）．O−H 結合には極性があり，水分子は折れ線形で，2 つの O−H 結合の極性が互いに打ち消し合わないため，極性分子である．

図 6.9　二酸化炭素分子の極性

図 6.10　水分子の極性

例題 6.3

次の①〜④の分子を，極性分子と無極性分子に分類せよ．

①NH_3　　　　②CH_4　　　　③CH_3Cl　　　　④PCl_5

解答　極性分子：①，③　　　　無極性分子：②，④

▶▶ 解説 ···

①NH_3 は三角錐形の分子であり，3 つの N−H 結合の極性が互いに打ち消し合わないため，極性分子である．

② CH₄ は正四面体形の分子であり，4 つの C–H 結合の極性が互いに打ち消し合うため，無極性分子である．

③ CH₃Cl は四面体形の分子であり，3 つの C–H 結合の極性と C–Cl 結合の極性が互いに打ち消し合わないため，極性分子である．

④ PCl₅ は三方両錐形の分子であり，アキシアル位の 2 つの P–Cl 結合の極性が互いに打ち消し合い，エクアトリアル位の 3 つの P–Cl 結合の極性も互いに打ち消し合うため，無極性分子である．

6.3　分子間力

6.3.1　ファンデルワールス力 NEW

極性の有無によらず，すべての分子間には弱い引力がはたらく．この分子間力を**ファンデルワールス力**（van der Waals force）という．

ファンデルワールス力は，分子の極性が大きいほど強くはたらく．これは，分子内に電荷の偏りが存在することで，異符号の電荷の間に引力がはたらくためである．なお，同符号の電荷の間には斥力がはたらくが，分子が回転することで，引力がはたらく分子の配向が優勢となる．このように，極性分子間にはたらく引力のことを**双極子間相互作用**（dipole-dipole interaction）という（図 6.11）．

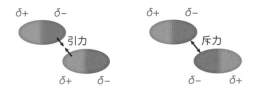

図 6.11　極性分子間の相互作用

ファンデルワールス力は，窒素 N₂ や酸素 O₂ などの無極分子間にもはたらく．これは，電荷の分布が均一であるかのように見える分子でも，瞬間的に電荷の偏りを生じるためである．ある分子に電荷の偏りが生じた瞬間，隣にある分子には引力がはたらくような電荷の偏りが生じる（誘起という）．このようにしてはたらく力を**分散力**（dispersion force）[*1] という（図6.12）．

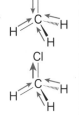

ファン・デル・ワールス
(Johannes Diderik van der Waals, 1837-1923)
オランダの物理学者．1910 年ノーベル物理学賞受賞．貧しい家庭に生まれ，ほとんど独力で科学を学び，学校の教師を務めていたが，27 歳でようやく大学入学を果たした．——結合，——力，——半径，——状態方程式など，その名を冠した科学用語が多いのは，研究の幅が広いことを物語る．1962 年にノーベル平和賞も受賞．

フリッツ・ロンドン
(Fritz Wolfgang London, 1900-1954)

*1　提唱したドイツの物理学者フリッツ・ロンドンにちなんでロンドンの分散力（London dispersion force）またはロンドン力（London force）とも呼ばれる．

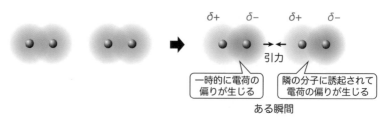

δ+ δ− δ+ δ−

引力

一時的に電荷の
偏りが生じる

隣の分子に誘起されて
電荷の偏りが生じる

ある瞬間

図6.12 分散力

　構造が似た分子では，分子量が大きいほどファンデルワールス力は強くなる．これは，分子に含まれる電子が多いほど，また分子が大きいほど電荷の偏りが生じやすく，分散力が強くはたらくためである．

　また，分子量が同程度の分子でも，表面積が大きいほど分子同士が接触する面積が大きくなるため，ファンデルワールス力は強くなる．たとえば，いずれも分子式 C_4H_{10} で表されるブタンと2-メチルプロパンを比較すると，2-メチルプロパンのほうが球形に近く，表面積が小さいためファンデルワールス力は弱い（**図6.13**）．

表面積大　　　　　　　　　　　　　　表面積小

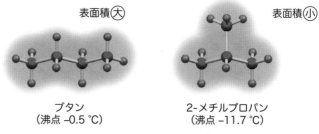

ブタン
（沸点 −0.5 ℃）

2-メチルプロパン
（沸点 −11.7 ℃）

図6.13 C_4H_{10} の異性体の構造と沸点

6.3.2 水素結合

　図6.14は，第2～5周期，14～17族元素の原子1つに水素が結合してできた水素化合物について，分子量と沸点の関係を表したものである．同じ族の水素化合物を，原子番号の小さい順に線で結んである．

　これを見ると，15，16，17族の水素化合物では，分子量の最も小さい HF，H_2O，NH_3 の沸点が最も高くなっている．これは，電気陰性度の大きい F，O，N 原子と電気陰性度の小さい H 原子の間の共有結合の極性が大きく，正に帯電した H 原子と，負に帯電した F，O，N 原子の非共有電子対の間にファンデルワールス力よりも強い引力が働くためである．このような分子間力を**水素結合**（hydrogen bond）という（**図6.15**）．ファンデルワールス力と違い，水素結合には方向性があり，本数を明確に数えることができる．

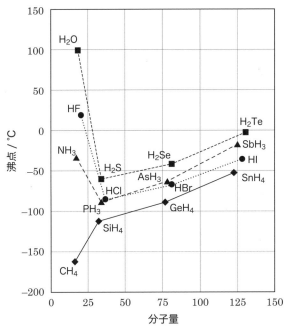

図 6.14　14 〜 17 族の水素化合物の沸点

図 6.15　H_2O 分子間の水素結合

以上より，分子間力は次のようにまとめることができる.

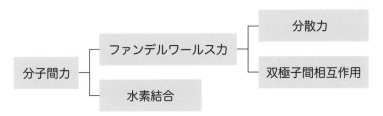

例題 6.4

次の (1) 〜 (3) のそれぞれの分子を，沸点が高い順に並べよ. 原子量が
必要な場合は，巻頭の周期表を参考にすること.

(1) F_2　　Cl_2　　Br_2　　　(2) HF　　　HCl　　　HBr

(3) H_2　　F_2　　HCl

解答　(1) $Br_2 > Cl_2 > F_2$　(2) HF > HBr > HCl　(3) HCl > F_2 > H_2

▶▶▶ 解説 ···

(1) F_2，Cl_2，Br_2 はいずれも無極性の二原子分子なので，分子量が大
　　きいほど，つまり周期が大きくなるほど沸点が高くなる.

(2) HF は分子間で水素結合を形成できるため，他の 17 族の水素化合

物に比べて沸点が高い．また，HCl と HBr では，分子量が大きい
HBr のほうが沸点が高い．

(3) F_2（分子量 38）と HCl（分子量 36.5）は分子量が同程度なので，極
性分子である HCl の方が，ファンデルワールス力が強くはたらく
ため沸点が高い．また，H_2（分子量 2.0）と F_2 はいずれも無極性
の二原子分子なので，分子量が大きい F_2 のほうが沸点が高い．

章末問題

1 次の(1)〜(9)の分子またはイオンの形を推定し，構造式で記せ．共鳴
構造が存在する場合は，そのうちの1つを記せばよい．

(1) CH_2O　　　　(2) NO_2　　　　(3) ClF_3

(4) SO_3　　　　(5) XeF_4　　　　(6) BrF_5

(7) C_2H_6　　　　(8) H_3O^+　　　　(9) I_3^-

2 次の①〜⑧の分子を，極性分子と無極性分子に分類せよ．

① HCN　　　② N_2　　　③ SO_2　　　④ SiH_4

⑤ CH_2Cl_2　　　⑥ C_2H_4　　　⑦ SF_4　　　⑧ SF_6

3 三フッ化ホウ素 BF_3 は，ホウ素原子がオクテット則を満たしておらず，
電子不足化合物と呼ばれる．これについて，次の(1)〜(3)に答えよ．

(1) BF_3 の電子式を記せ．

(2) BF_3 の形を推定し，構造式で表せ．

(3) BF_3 は NH_3 の電子対を受け入れることで，新たな共有結合を形成し
て結びついて1つの分子になる．このときできる分子の形を推定し，
構造式で表せ．

4 次の(1)〜(3)のそれぞれの分子を，沸点が高い順に並べよ．原子量が
必要な場合は，巻頭の周期表を参考にすること．

(1) He　　Ne　　Ar

(2) H_2O　　H_2S　　H_2Se

(3) HF　　H_2O　　NH_3

(4) メタン　　エタン　　プロパン

(5) ペンタン　　2–メチルブタン　　2,2–ジメチルプロパン

(6) プロパン　　エタノール　　メタノール

第 **7** 章

物質量，濃度，化学反応の量的関係

● **この章で学ぶこと**‥‥‥‥‥‥‥‥‥‥‥

化学反応を考えるときには粒子の数が重要である．一方で，われわれが通常扱う量の物質には膨大な数の粒子（分子など）が含まれるため，それをそのまま数えるのは現実的ではない．そこで，ある個数をひとまとまりの集団として扱う「物質量」を用いると便利である．この章では，物質量や濃度の基本的な計算と，それを用いた化学反応の量的関係を学ぶ．

❖ **この章の目標** ❖

☐ アボガドロ定数の意味を理解する
☐ 個数⇔物質量の計算ができる
☐ 質量⇔物質量の計算ができる
☐ 標準状態の気体の体積⇔物質量の計算ができる
☐ 質量パーセント濃度やモル濃度の計算ができる
☐ 化学反応の量的関係を用いた計算ができる

7.1 物 質 量

7.1.1 アボガドロ定数と物質量

われわれが通常扱う量の物質に含まれる分子や原子の数は非常に多く，扱いにくい．たとえば，1 円玉に含まれるアルミニウム原子の数はおよそ 2.2×10^{22} 個と膨大な数である（**図 7.1**）．

 ･･･ 2.2×10^{22} 個

図 7.1　1 円玉に含まれるアルミニウム原子

そこで，およそ 6.0×10^{23} 個の粒子の集団を **1 mol** と定め，mol を単位として粒子の数を表した**物質量**（amount of substance）を用いると都合がよい．1 mol あたりの粒子の個数を表す定数 6.0×10^{23} /mol は**アボガドロ定数**（Avogadro's constant）と呼ばれ，記号 N_A で表される．2019 年 5 月，アボガドロ定数は正確に $6.022\,140\,76 \times 10^{23}$ /mol と定義された．

$$N_A = 6.022\ 140\ 76 \times 10^{23}\ /\text{mol}$$

粒子の個数 N，アボガドロ定数 N_A〔/mol〕，物質量 n〔mol〕の間には，次の関係が成り立つ．なお，各物理量の単位を明示したほうがわかりやすい場合は，その物理量の記号の後ろに〔 〕を付けて表す．

$$N = N_A\text{〔/mol〕} \times n\text{〔mol〕}$$ または $$n\text{〔mol〕} = \frac{N}{N_A\text{〔/mol〕}}$$

例題 7.1

次の(1)，(2)に答えよ．ただし，$N_A = 6.0 \times 10^{23}$ /mol とする．

(1) 0.050 mol のメタンの個数は何個か．

(2) 1.2×10^{22} 個の塩化物イオンの物質量は何 mol か．

解答 (1) 3.0×10^{22} 個　　(2) 0.020 mol

▶▶ 解説 ···

(1) 6.0×10^{23} /mol $\times$ 0.050 mol $= 3.0 \times 10^{22}$

(2) $\dfrac{1.2 \times 10^{22}}{6.0 \times 10^{23}\ /\text{mol}} = 0.020$ mol

7.1.2 質量と物質量

かつては質量数 12 の炭素原子 ^{12}C 12 g 中に含まれる原子の数を**アボガドロ数**（Avogadro's number）とし，アボガドロ数個の粒子の集団を 1 mol と定義していた．この定義では，^{12}C の質量をちょうど 12 としてそれを基準にしている相対質量と，1 mol あたりの質量，すなわち**モル質量**（moler mass）の数値が一致するという利点があった．さらに，相対質量を基準に計算される原子量（第 2 章参照）や，原子量をもとに計算される分子量や式量も，モル質量の数値と一致する．

	^{12}C	Cl	CO_2	NaCl
相対質量 （原子量, 分子量, 式量）	12	35.5	44	58.5
モル質量	12 g/mol	35.5 g/mol	44 g/mol	58.5 g/mol

2019 年の定義改訂により，相対質量とモル質量は厳密には一致しなくなった．しかし，その誤差は無視できるほど小さいので，定義改訂後もこれまで通り原子量，分子量，式量とモル質量の数値は一致するものとして扱うことができる．

以上より，質量 w〔g〕，モル質量 M〔g/mol〕，物質量 n〔mol〕の間には，次の関係が成り立つ．

$$w \,\text{〔g〕} = M \,\text{〔g/mol〕} \times n \,\text{〔mol〕}$$ または $$n \,\text{〔mol〕} = \frac{N \,\text{〔g〕}}{M \,\text{〔g/mol〕}}$$

例題 7.2

次の (1)，(2) に答えよ．ただし，原子量は H = 1.0，C = 12，O = 16 とする．

(1) 0.020 mol のメタン CH_4 の質量は何 g か．

(2) 33 g のドライアイスに含まれる二酸化炭素 CO_2 の物質量は何 mol か．

解答　(1) 0.32 g　　(2) 0.75 mol

▶▶ 解説 ·····

(1) メタンの分子量は，$CH_4 = 12 + 1.0 \times 4 = 16$

よって，メタンのモル質量は 16 g/mol なので，

16 g/mol × 0.020 mol = 0.32 g

(2) 二酸化炭素の分子量は，$CO_2 = 12 + 16 \times 2 = 44$

よって，二酸化炭素のモル質量は 44 g/mol なので，

$$\frac{33 \,\text{g}}{44 \,\text{g/mol}} = 0.75 \,\text{mol}$$

7.1.3　気体の体積と物質量

同温，同圧のもとで，同体積の気体には，気体の種類に関係なく同数の分子が含まれる．これを，**アボガドロの法則**（Avogadro's law）という．言い換えると，同数，つまり同物質量の気体は，同温，同圧であればその種類に関係なく同体積となる．

たとえば，0 ℃，1.013×10^5 Pa[*1]（標準状態と呼ばれる）においては，1 mol の気体の体積は，その種類に関係なくほぼ 22.4 L となる．物質 1 mol あたりの体積は**モル体積**（moler volume）と呼ばれる．つまり，0 ℃，1.013×10^5 Pa における気体のモル体積は，物質の種類に関係なく，ほぼ 22.4 L/mol である．

以上より，0 ℃，1.013×10^5 Pa における気体の体積 v〔L〕，物質量 n〔mol〕の間には，次の関係が成り立つ．

$$v \,\text{〔L〕} = 22.4 \,\text{L/mol} \times n \,\text{〔mol〕}$$ または $$n \,\text{〔mol〕} = \frac{v \,\text{〔L〕}}{22.4 \,\text{L/mol}}$$

[*1] Pa（パスカル）は圧力の単位であり，1 m² あたりに 1 N の力が作用する圧力が 1 Pa である．
1 Pa = 1 N/m²

例題 7.3

次の (1)，(2) に答えよ．ただし，0 ℃，1.013×10^5 Pa における気体のモル体積は 22.4 L/mol とする．

(1) 0.400 mol の窒素の体積は，0 ℃，1.013×10^5 Pa で何 L か．

(2) 0 ℃，1.013×10^5 Pa で 5.60 L の水素の物質量は何 mol か．

解答　(1) 8.96 L　　　(2) 0.250 mol

▶▶ 解 説 ·······

(1) 22.4 L/mol × 0.400 mol = 8.96 L

(2) $\dfrac{5.60 \text{ L}}{22.4 \text{ L/mol}} = 0.250$ mol

7.2　溶液の濃度

7.2.1　溶解と溶液

ある液体に，他の気体，液体，固体が混合して均一になる現象を**溶解** (dissolution) という．溶かしている液体を**溶媒** (solvent)，溶けている物質を**溶質** (solute)，得られた均一な液体を**溶液** (solution) という（**図 7.2**）．

溶質，溶媒の組合せによって，溶液の名称が決まる（**表 7.1**）．

溶質

溶媒　　　　　　　　溶液

図 7.2　溶質，溶媒，溶液

表 7.1　溶液の名称

溶質	溶媒	溶液
塩化ナトリウム	水	塩化ナトリウム水溶液
塩化水素	水	塩酸
アンモニア	水	アンモニア水
硫酸	水	希硫酸

7.2.2　溶液の濃度

混合物に含まれる成分の割合を示す量を**濃度**（concentration）という．溶液の濃度には，主に次の二つの表し方がある．

① 質量パーセント濃度

溶液全体の質量に対する溶質の質量の割合を百分率で表した濃度.

$$質量パーセント濃度 = \frac{溶質の質量}{溶液の質量} \times 100\ \%$$

② モル濃度（moler concentration）

ある一定体積の溶液に含まれる溶質の物質量で表した濃度. 通常は溶液1 L あたりの溶質の物質量〔mol〕で表す.

$$モル濃度〔\mathbf{mol/L}〕 = \frac{溶質の物質量〔\mathbf{mol}〕}{溶液の体積〔\mathbf{L}〕}$$

例題 7.4

次の(1)〜(4)に答えよ.

(1) 水 50.0 g に塩化ナトリウム 10.0 g を溶かして得られる塩化ナトリウム水溶液の質量パーセント濃度は何%か.

(2) 質量パーセント濃度 36.5 % の濃塩酸 600 g に含まれる塩化水素の質量は何 g か.

(3) 0.10 mol のグルコースを水に溶かして 500 mL とした. このグルコース水溶液のモル濃度は何 mol/L か.

(4) 0.20 mol/L の塩化ナトリウム水溶液 300 mL に含まれる塩化ナトリウムの物質量は何 mol か.

解答　(1) 16.7 %　　(2) 219 g　　(3) 0.20 mol/L　　(4) 0.060 mol

▶▶ 解 説 ......

(1) $\dfrac{10.0\ \text{g}}{10.0\ \text{g} + 50.0\ \text{g}} \times 100\ \% = 16.66\ \% ≒ 16.7\ \%$

(2) $600\ \text{g} \times \dfrac{36.5}{100} = 219\ \text{g}$

(3) $\dfrac{0.10\ \text{mol}}{0.500\ \text{L}} = 0.20\ \text{mol/L}$

(4) $0.20\ \text{mol/L} \times 0.300\ \text{L} = 0.060\ \text{mol}$

7.2.3　水和水を含む結晶

結晶に一定の割合で含まれる水分子を **水和水** (water of hydration) といい, 水和水を含む結晶を **水和物** (hydrate) という. 水和物を水に溶かすと, 水和水は溶媒(水)の一部となり, それ以外の部分(無水物)を溶質とする水溶液が得られる.

73

たとえば，硫酸銅 (II) 五水和物 $CuSO_4 \cdot 5H_2O$ は，$Cu^{2+} : SO_4^{2-} : H_2O$ が $1:1:5$ の物質量比で含まれる結晶である．「硫酸銅 (II) 五水和物」を水に溶かすと，$CuSO_4$ を溶質とする「硫酸銅 (II) 水溶液」が得られる．

水 100 g に硫酸銅 (II) 五水和物を 25 g 溶かした水溶液は，$CuSO_4 \cdot 5H_2O = 160 + 18 \times 5 = 250$ より

$$溶質 : 25\,g \times \frac{160}{250} = 16\,g \qquad 溶媒 : 100\,g + 25\,g \times \frac{90}{250} = 109\,g$$

の水溶液となる．

例題 7.5

$50.0\,g$ の硫酸銅 (II) 五水和物を水に溶かしてちょうど $200\,mL$ とした水溶液の密度は $1.12\,g/cm^3$ であった．この硫酸銅 (II) 水溶液について，次の (1)，(2) に答えよ．ただし，$CuSO_4$ の式量は 160，H_2O の分子量は 18 とする．

(1) 質量パーセント濃度は何 % か．

(2) モル濃度は何 mol/L か．

解答　(1) 14.3 %　　　(2) 1.00 mol/L

▶▶ 解 説 ⋯⋯⋯⋯⋯⋯⋯⋯⋯⋯⋯⋯⋯⋯⋯⋯⋯⋯⋯⋯⋯⋯⋯⋯⋯⋯⋯⋯⋯⋯⋯⋯

$CuSO_4 \cdot 5H_2O = 160 + 18 \times 5 = 250$

(1) 溶液の質量は，

$1.12\,g/cm^3 \times 200\,cm^3 = 224\,g$

そのうち，溶質である $CuSO_4$ の質量は，

$$50.0\,g \times \frac{160}{250} = 32.0\,g$$

よって，質量パーセント濃度は，

$$\frac{32.0\,g}{224\,g} \times 100\,\% = 14.28\,\% \fallingdotseq 14.3\,\%$$

(2) 用いた $CuSO_4 \cdot 5H_2O$ の物質量は，

$$\frac{50.0\,g}{250\,g/mol} = 0.200\,mol$$

ここには同じ物質量の $CuSO_4$ が含まれるので，そのモル濃度は，

$$\frac{0.200\,mol}{0.200\,L} = 1.00\,mol/L$$

7.3.1 化学反応式

化学変化において，**反応物**（reactant）と**生成物**（product）の関係を，化学式を用いて表した式を**化学反応式**（chemical equation）という．たとえば，水素の燃焼反応を分子のモデルで表すと図 **7.3** のようになる．

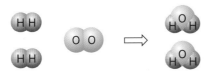

図 7.3 水素と酸素の反応

この反応を化学反応式で表すと，次のようになる．

$$2H_2 + O_2 \longrightarrow 2H_2O$$

化学反応式を書くときのルール

① 反応物の化学式を左辺に，生成物の化学式を右辺に書き，その間を「→」で結ぶ．反応物や生成物が複数ある場合は化学式の間に「＋」を書く．

② 同じ元素の原子の数が両辺で等しくなるように係数を決める．係数は最も簡単な整数比になるようにし，1 になる場合は省略する．

7.3.2 イオン反応式

実際に反応に関与しているイオンのみを用いて表した反応式を**イオン反応式**（ionic equation）という．水溶液中の沈殿生成反応や中和反応（第 8 章で扱う）は，イオン反応式のほうが実際の変化を正しく表すことができる．

例）硝酸銀水溶液に塩化ナトリウム水溶液を加える

硝酸銀水溶液に塩化ナトリウム水溶液を加えると，白色沈殿が生じる．この反応では，硝酸銀水溶液中の銀イオン Ag^+ と塩化ナトリウム水溶液中の塩化物イオン Cl^- から水に溶けにくい塩化銀 $AgCl$ を生じており，この反応のようすを模式的に表すと図 **7.4** のようになる．

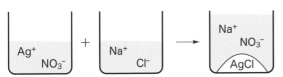

図 7.4 硝酸銀水溶液に塩化ナトリウム水溶液を加えたときの変化

よって，この反応は次のイオン反応式で表される．

$$Ag^+ + Cl^- \longrightarrow AgCl$$

イオン反応式の両辺に，反応に関与していない硝酸イオン NO_3^- とナトリウムイオン Na^+ を加えると，化学反応式が得られる．

$$Ag^+ + NO_3^- + Na^+ + Cl^- \longrightarrow AgCl + NO_3^- + Na^+$$
$$AgNO_3 + NaCl \longrightarrow AgCl + NaNO_3$$

7.3.3 化学反応の量的関係

　化学反応式の係数の比は，各物質の粒子の数の比と等しい．また，反応物を増やしても数の比は一定に保たれるので，物質量（$1\ \mathrm{mol} \fallingdotseq 6.0 \times 10^{23}$ 個）の比とも等しくなる．また，同温・同圧で比較すると，気体の体積と物質量は比例するので，気体の反応の場合には，体積比と考えることもできる．

　よって，化学反応式の係数の比は，

個数の比 = 物質量比 = 同温同圧における体積比

と等しくなる．図7.5 に，メタンの燃焼反応における量的関係を示す．

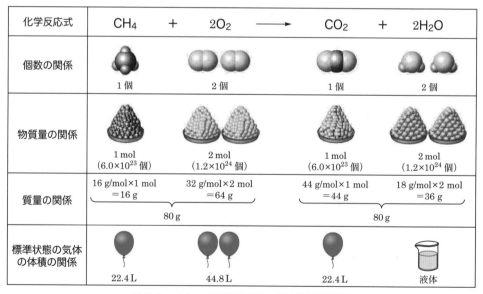

図7.5　メタンの燃焼反応における量的関係

例題 7.6

　一酸化炭素 5.6 g と酸素 16 g を密閉容器に入れて点火し，完全に反応させた．これについて，次の (1) ～ (4) に答えよ．ただし，アボガドロ定数は 6.0×10^{23} /mol，0 ℃，1.013×10^5 Pa における気体のモル体積

は 22.4 L/mol とする.

(1) 反応前の一酸化炭素および酸素の物質量はそれぞれ何 mol か.

(2) 生成した二酸化炭素の質量は何 g か.

(3) 反応せずに残った酸素は何個か.

(4) 反応後の気体の全体積は，0 ℃，1.013×10^5 Pa で何 L か.

解答 (1) 一酸化炭素　0.20 mol　　　酸素　0.50 mol

(2) 8.8 g　　(3) 2.4×10^{23} 個　　(4) 13 L

▶▶ 解説 ⋯⋯⋯⋯⋯⋯⋯⋯⋯⋯⋯⋯⋯⋯⋯⋯⋯⋯⋯⋯⋯⋯⋯⋯⋯⋯⋯⋯⋯⋯⋯⋯⋯⋯⋯⋯

一酸化炭素 CO と酸素 O_2 は次のように反応して二酸化炭素 CO_2 が生じる.

$2CO + O_2 \longrightarrow 2CO_2$

(1) CO = 28，O_2 = 32 より，

CO $\dfrac{5.6 \text{ g}}{28 \text{ g/mol}} = 0.20$ mol　　　O_2 $\dfrac{16 \text{ g}}{32 \text{ g/mol}} = 0.50$ mol

(2) CO と O_2 は 2：1 の物質量比で反応するので，CO がすべて消費され，O_2 が余る. よって，生成した CO_2 の物質量は，反応した CO の物質量 0.20 mol と等しいので，CO_2 = 44 より

44 g/mol × 0.20 mol = 8.8 g

(3) CO と O_2 は 2：1 の物質量比で反応するので，反応せずに残った O_2 の物質量は

$0.50 \text{ mol} - 0.20 \text{ mol} \times \dfrac{1}{2} = 0.40$ mol

よって，その個数は，

6.0×10^{23} /mol × 0.40 mol = 2.4×10^{23}

(4) 反応後は，残った O_2 と生成した CO_2 の混合気体となる. その 0 ℃，1.013×10^5 Pa における体積は

22.4 L/mol × (0.40 mol + 0.20 mol) = 13.44 L ≒ 13 L

必要があれば次の値を用いること.

アボガドロ定数　6.0×10^{23} /mol

0 ℃，1.013×10^5 Pa における気体のモル体積　22.4 L/mol

原子量　H = 1.0，C = 12，N = 14，O = 16，Mg = 24，Cl = 35.5

章末問題

1 次の (1) ～ (5) に答えよ.

(1) 0.20 mol の二酸化炭素に含まれる酸素原子は何個か.

(2) 19 g の塩化マグネシウムに含まれるイオンの総数は何個か．

(3) 2.4×10^{23} 個の水素原子を含むメタンの質量は何 g か．

(4) 0 ℃，1.013×10^5 Pa で 112 L のアンモニアに含まれる水素原子は何 g か．

(5) 7.0 g の窒素の体積は 0 ℃，1.013×10^5 Pa で何 L か．

2 ドライアイス（密度 1.56 g/cm³）を 0 ℃，1.013×10^5 Pa で放置してすべて昇華させた場合，その体積は何倍になるか．

3 ある金属 M（原子量 56）の単体 1.0 g を酸素と反応させたところ，完全に酸化するのに 0 ℃，1.013×10^5 Pa で 1.5 L の空気が必要であった．得られた酸化物の組成式を記せ．ただし，空気は，窒素と酸素の体積比 4：1 の混合気体とする．

4 市販の濃塩酸（質量パーセント濃度 36.5 %，密度 1.20 g/cm³）について，次の(1) 〜 (3)に答えよ．

(1) この濃塩酸に含まれる塩化水素のモル濃度は何 mol/L か．

(2) この濃塩酸を 500 mL つくるのに必要な塩化水素および水の質量はそれぞれ何 g か．

(3) この濃塩酸を水で希釈して 1.2 mol/L の希塩酸を 500 mL つくるのに必要な濃塩酸は何 mL か．

5 0 ℃，1.013×10^5 Pa で 6.72 L のメタン CH_4 とエタン C_2H_6 の混合気体を完全燃焼させると，二酸化炭素が 22 g 生じた．この混合気体に含まれていたメタンおよびエタンの物質量はそれぞれ何 mol か．

6 マグネシウムとアルミニウムの混合物 0.630 g を 1.00 mol/L の塩酸 100 mL に加えたところ，混合物はすべて溶け，0 ℃，1.013×10^5 Pa で 0.672 L の水素が発生した．これについて，次の(1)，(2)に答えよ．

(1) 混合物に含まれるマグネシウムおよびアルミニウムはそれぞれ何 g か．

(2) 反応後，溶液中に残っている塩化水素のモル濃度は何 mol/L か．ただし，溶液の体積変化は無視できるものとする．

第8章

酸・塩基

● この章で学ぶこと……………………………………
食酢やレモン果汁はすっぱく，マグネシウムなどの金属と
反応しで水素を発生する．このような性質は酸性と呼ばれ，
水溶液中に生じる水素イオンが原因である．一方，石灰水
は苦みがあり，皮膚を溶かす．このような性質は塩基性と
呼ばれ，水溶液中に生じる水酸化物イオンが原因である．
この章では，酸性や塩基性の強さを pH をもとに比較する
方法と，酸性の水溶液と塩基性の水溶液が互いに性質を打
ち消し合う中和反応について学ぶ．

❖ この章の目標 ❖

☐ アレニウスの酸・塩基の定義を理解する
☐ ブレンステッド・ローリーの酸・塩基の定義を理解する
☐ ルイスの酸・塩基の定義を理解する
☐ 酸・塩基の水溶液の pH が計算できる
☐ 中和反応の化学反応式が書ける
☐ 中和反応の量的関係を用いた計算ができる

8.1 酸・塩基の定義

8.1.1 アレニウスの定義

　酢酸水溶液は酸味があり，マグネシウムなどの金属と反応して水素を発
生し，青色リトマス紙を赤色に変える．このような性質を**酸性**（acidity）
といい，酸性を示す物質を**酸**（acid）という．一方，水酸化ナトリウム水溶
液は苦味があり，皮膚を溶かし，赤色リトマス紙を青色に変える．このよ
うな性質を**塩基性**（basicity）または**アルカリ性**（alkaline）といい，塩基性
を示す物質を**塩基**（base）または**アルカリ**（alkali）という．

　アレニウスは，酸性が水溶液中に存在する水素イオン H^+（実際にはオ
キソニウムイオン H_3O^+）によるものであり，塩基性が水溶液中に存在する
水酸化物イオン OH^- によるものであると考え，酸と塩基を次のように定
義した．

アレニウス
（Svante August Arrhenius,
1859-1927）
スウェーデンの物理化学者．幼少
時から神童と呼ばれ，天才ぶりを
発揮した．化学反応はイオン同士
の反応であることを示し，酸と塩
基の概念を発展させた．ノーベル
賞の創設にもかかわり，自身も
1903 年にスウェーデン人初の
ノーベル化学賞を受賞している．

アレニウスの定義

酸 … 水に溶けて，**水素イオン** H^+ (H_3O^+) **を生じる**物質
塩基 … 水に溶けて，**水酸化物イオン** OH^- **を生じる**物質

8.1.2　強酸と弱酸

塩化水素 HCl を水に溶かすと次のように完全に電離して水素イオン H^+ を生じるため，塩酸(塩化水素の水溶液)は酸性を示す．よって，HCl はアレニウスの定義による酸である．

$$HCl \longrightarrow H^+ + Cl^-$$

また，酢酸 CH_3COOH を水に溶かすと次のように電離して水素イオン H^+ を生じるため，酢酸水溶液は酸性を示す．よって，CH_3COOH もアレニウスの定義による酸である．

$$CH_3COOH \rightleftharpoons CH_3COO^- + H^+$$

しかし，酢酸は水溶液中でわずかにしか電離しないため，酢酸水溶液の酸性は，同じモル濃度の塩酸の酸性に比べて弱い．これは，酢酸の電離が可逆反応であり，電離平衡の状態になるためである（詳細は第13章で扱う）．水溶液中で一部が電離して電離平衡の状態になる場合は，上記のように電離のイオン反応式を両矢印「$\rightleftharpoons$」で表す．

塩化水素 HCl のように，水溶液中で完全に電離する酸を**強酸**（strong acid），酢酸 CH_3COOH のように，水溶液中でわずかにしか電離しない酸を**弱酸**（weak acid）という．主な強酸・弱酸を**表 8.1** に示す．

表 8.1　主な強酸・弱酸

強酸		弱酸	
塩化水素	HCl	酢酸	CH_3COOH
硝酸	HNO_3	炭酸	H_2CO_3
硫酸	H_2SO_4	シュウ酸	$H_2C_2O_4$
		リン酸	H_3PO_4

8.1.3　強塩基と弱塩基

水酸化ナトリウム NaOH を水に溶かすと，次のように電離して水酸化物イオン OH^- を生じるため，水酸化ナトリウム水溶液は塩基性を示す．よって，NaOH はアレニウスの定義による塩基である．

$$NaOH \longrightarrow Na^+ + OH^-$$

*1　陰イオンとして水酸化物イオン OH^- を含む化合物を水酸化物という．

水酸化物[*1] の中には，水に対する溶解度が小さいものがある．たとえば水酸化マグネシウム $Mg(OH)_2$ は，水に加えると，わずかに溶けて OH^- を生じ，溶解平衡の状態になる（詳細は第13章で扱う）．このとき水溶液は弱い塩基性を示すので，$Mg(OH)_2$ もアレニウスの定義による塩基である．

$$Mg(OH)_2 \rightleftarrows Mg^{2+} + 2OH^-$$

また，アンモニア NH_3 を水に溶かすと次のように電離して水酸化物イオン OH^- を生じるため，アンモニア水（アンモニアの水溶液）は塩基性を示す．よって，NH_3 もアレニウスの定義による塩基である．

$$NH_3 + H_2O \rightleftarrows NH_4^+ + OH^-$$

しかし，アンモニアは水溶液中でわずかにしか電離しないため，アンモニア水の塩基性は，同じ濃度の水酸化ナトリウム水溶液の塩基性に比べて弱い．

水酸化ナトリウムのように，水に対する溶解度が大きく，水溶液中で完全に電離する塩基を**強塩基**（strong base），水酸化マグネシウムのように水に対する溶解度が小さいか，アンモニアのように水溶液中でわずかにしか電離しない塩基を**弱塩基**（weak base）という．主な強塩基・弱塩基を次の**表 8.2** に示す．

表 8.2 **主な強塩基・弱塩基**

強塩基		弱塩基	
水酸化ナトリウム	NaOH	アンモニア	NH_3
水酸化カリウム	KOH	水酸化マグネシウム	$Mg(OH)_2$
水酸化カルシウム	$Ca(OH)_2$	水酸化アルミニウム	$Al(OH)_3$
水酸化バリウム	$Ba(OH)_2$		

8.1.4 ブレンステッド・ローリーの定義

ブレンステッドとローリーは，酸や塩基の反応では必ず水素イオン H^+ がやりとりされていることに注目し，酸と塩基を次のように定義した．

ブレンステッド・ローリーの定義

酸 … 反応において，**水素イオン H^+ を与える**物質

塩基 … 反応において，**水素イオン H^+ を受け取る**物質

たとえば，塩化水素 HCl を水に溶かしたとき，H^+ は水溶液中では H_2O と結合してオキソニウムイオン H_3O^+ として存在している．よって，塩化水素が水に溶けて電離するときの反応は，次のイオン反応式で表すことができる．ブレンステッド・ローリーの定義に基づくと，この反応において H^+ を与えた HCl は酸，H^+ を受け取った H_2O は塩基である．

$$\overset{\displaystyle H^+}{\overbrace{HCl\ +\ H_2O}} \longrightarrow Cl^- + H_3O^+$$
$$\text{酸}\qquad\text{塩基}$$

ブレンステッド
(Johannes Nicolaus Brønsted, 1879-1947)
デンマークの物理化学者．イギリスのローリーと同時にプロトン授受を基礎にした酸塩基理論を提案し，触媒の権威として著名になった．同じ年にアメリカのルイスが電子授受を基礎にした酸塩基理論を提案した．ブレーンステズと表記されることもある．

ローリー
(Thomas Martin Lowry, 1874-1936)
イギリスの物理化学者．デンマークのブレンステッドと同時に，プロトン授受を基礎にした酸塩基理論を提案した．ケンブリッジ大学の物理化学分野の初代教授．

また，ブレンステッド・ローリーの定義では，水溶液中の反応以外でも酸や塩基を定義することができる．たとえば，濃アンモニア水に濃塩酸を近づけると白煙が生じるが，これは，いずれも気体である塩化水素とアンモニアから，固体である塩化アンモニウムが生じるためである．ブレンステッド・ローリーの定義に基づくと，この反応において H^+ を与えた HCl は酸，H^+ を受け取った NH_3 は塩基である．

$$HCl + NH_3 \longrightarrow NH_4Cl$$
酸　　塩基

例題 8.1

次の (1) ～ (3) の反応において，ブレンステッド・ローリーの定義による酸および塩基としてはたらいている分子またはイオンの名称を記せ．

(1) $CH_3COOH + OH^- \longrightarrow CH_3COO^- + H_2O$

(2) $HCO_3^- + H_3O^+ \longrightarrow H_2CO_3 + H_2O$

(3) $NH_4^+ + H_2O \longrightarrow NH_3 + H_3O^+$

解答
(1) 酸：酢酸　　塩基：水酸化物イオン
(2) 酸：オキソニウムイオン　　塩基：炭酸水素イオン
(3) 酸：アンモニウムイオン　　塩基：水

▶▶ 解説

それぞれの反応における水素イオンの移動は次のとおり．

(1) $CH_3COOH + OH^- \longrightarrow CH_3COO^- + H_2O$
酸　　　塩基

(2) $HCO_3^- + H_3O^+ \longrightarrow H_2CO_3 + H_2O$
塩基　　　酸

(3) $NH_4^+ + H_2O \longrightarrow NH_3 + H_3O^+$
酸　　塩基

8.1.5 酸・塩基の価数

1分子の酸が放出できる H^+ の数を酸の価数という．たとえば，塩化水素 HCl は1価の酸，炭酸 H_2CO_3 は2価の酸である．酢酸 CH_3COOH は1分子あたり4個の水素原子をもつが，このうち H^+ として放出できるのは1個なので，1価の酸である．ただし，炭酸や酢酸は弱酸であり，水溶液

中では一部しか電離しないことに注意すること.

$$HCl \longrightarrow H^+ + Cl^-$$

$$H_2CO_3 \rightleftharpoons H^+ + HCO_3^- \qquad HCO_3^- \rightleftharpoons H^+ + CO_3^{2-}$$

$$CH_3COOH \rightleftharpoons CH_3COO^- + H^+$$

主な酸について,価数と強弱で分離したものを表8.3に示す.

表8.3 主な酸の価数と強弱

価数	強酸		弱酸	
1価	塩化水素 硝酸	HCl HNO_3	酢酸	CH_3COOH
2価	硫酸	H_2SO_4	炭酸 シュウ酸	H_2CO_3 $H_2C_2O_4$
3価			リン酸	H_3PO_4

1化学式あたりの塩基が受け取ることができる H^+ の数を**塩基の価数**という.ほとんどの塩基は化学式の中に OH^- をもち,これが H^+ を受け取るので,通常は化学式に含まれる OH^- の数がそのまま価数となる.たとえば,水酸化ナトリウム $NaOH$ は1価の塩基,水酸化カルシウム $Ca(OH)_2$ は2価の塩基である.アンモニア NH_3 は化学式に OH^- が含まれていないが,1分子あたり1個の H^+ を受け取ることができる.つまり,水溶液中では1分子あたり1個の OH^- を生じることができるので,1価の塩基である.ただし,アンモニアは弱塩基であり,水溶液中では一部しか電離しないことに注意すること.

$$NaOH \longrightarrow Na^+ + OH^-$$

$$Ca(OH)_2 \longrightarrow Ca^{2+} + 2OH^-$$

$$NH_3 + H_2O \rightleftharpoons NH_4^+ + OH^-$$

主な塩基について,価数と強弱で分離したものを表8.4に示す.

表8.4 主な塩基の価数と強弱

価数	強塩基		弱塩基	
1価	水酸化ナトリウム 水酸化カリウム	$NaOH$ KOH	アンモニア	NH_3
2価	水酸化カルシウム 水酸化バリウム	$Ca(OH)_2$ $Ba(OH)_2$	水酸化マグネシウム	$Mg(OH)_2$
3価			水酸化アルミニウム	$Al(OH)_3$

8.1.6　共役な酸・塩基 NEW

　ブレンステッド・ローリーの定義によると，酸は相手に水素イオンを与える物質である．このとき，水素イオンを放出した物質は，逆反応により水素イオンを受け取る，つまり塩基としてはたらくことができる．また，塩基は相手から水素イオンを受け取る物質である．このとき，水素イオンを受け取った物質は，逆反応により水素イオンを相手に与える，つまり酸としてはたらくことができる．このような酸と塩基の関係は**共役**（conjugate）と呼ばれる．たとえば，酢酸を水に溶かして電離するときの反応を考えてみる．右向きの反応では CH_3COOH が H_2O に対して H^+ を与えており，左向きの反応では，H_3O^+ が CH_3COO^- に H^+ を与えている．

$$
\underset{酸}{CH_3COOH} + \underset{塩基}{H_2O} \overset{H^+}{\underset{H^+}{\rightleftharpoons}} \overset{共役塩基}{CH_3COO^-} + \overset{共役酸}{H_3O^+}
$$

　つまり，右向きの反応における酸 CH_3COOH の共役塩基は CH_3COO^- であり，右向きの反応における塩基 H_2O の共役酸は H_3O^+ である．

8.1.7　共役な酸・塩基の強弱 NEW

　アレニウスの定義では，水に溶かしたときに，完全に電離する酸を強酸，一部しか電離しない酸を弱酸とした．これは，**「相手に水素イオンを与える能力の強さが酸の強さであり，水素イオンを相手から受け取る能力の強さが塩基の強さである」**と考えるとうまく説明できる．

　たとえば，強酸である HCl は，水溶液中で次のように完全に電離する．

$$HCl + H_2O \rightleftharpoons Cl^- + H_3O^+$$

　完全に電離するということは，この反応が右向きに進行しやすく，左向きに進行しにくいことを示している．つまり，右向きの反応において酸としてはたらく HCl のほうが，左向きの反応で酸としてはたらく H_3O^+ よりも強い酸であるといえる．

　　酸の強さ：$HCl > H_3O^+$

　また，右向きの反応において塩基としてはたらく H_2O のほうが，左向きの反応で塩基としてはたらく Cl^- よりも強い塩基であるといえる．

　　塩基の強さ：$H_2O > Cl^-$

　一方，弱酸である CH_3COOH は，水溶液中で次のようにわずかに電離する．

$$CH_3COOH + H_2O \rightleftarrows CH_3COO^- + H_3O^+$$

わずかにしか電離しないということは，この反応が右向きに進行しにくく，左向きに進行しやすいことを示している．つまり，左向きの反応において酸としてはたらく H_3O^+ のほうが，右向きの反応で酸としてはたらく CH_3COOH よりも強い酸であるといえる．

酸の強さ：$H_3O^+ > CH_3COOH$

また，左向きの反応において塩基としてはたらく CH_3COO^- のほうが，右向きの反応で塩基としてはたらく H_2O よりも強い塩基であるといえる．

塩基の強さ：$CH_3COO^- > H_2O$

以上より，**強い酸の共役塩基は弱く，弱い酸の共役塩基は強い**ことがわかる．また，水溶液中で完全に電離する酸（強酸）は H_3O^+ より強い酸であり，H_3O^+ より弱い酸は水溶液中でわずかにしか電離しない酸（弱酸）であるといえる．図 8.1 に，主な酸とその共役塩基の強弱をまとめた．**上にある酸ほど強い酸**であり，水素イオンを放出してその共役塩基に変化しやすい．また，**下にある塩基ほど強い塩基**であり，水素イオンを受け取ってその共役酸に変化しやすい．

	酸	塩基	
強酸〔水中で完全にH⁺を放出〕	H_2SO_4	HSO_4^-	水中では H⁺ を受け取らない
	HNO_3	NO_3^-	
	HCl	Cl^-	
	H_3O^+	H_2O	
弱酸〔水中で一部がH⁺を放出〕	HSO_4^-	SO_4^{2-}	弱塩基〔水中で一部がH⁺を受け取る〕
	H_3PO_4	$H_2PO_4^-$	
	HF	F^-	
	CH_3COOH	CH_3COO^-	
	H_2CO_3	HCO_3^-	
	H_2S	HS^-	
	$H_2PO_4^-$	HPO_4^{2-}	
	NH_4^+	NH_3	
	HCO_3^-	CO_3^{2-}	
	HPO_4^{2-}	PO_4^{3-}	
	HS^-	S^{2-}	
	H_2O	OH^-	
水中では H⁺ を放出しない	C_2H_5OH	$C_2H_5O^-$	強塩基〔水中で完全にH⁺を受け取る〕
	OH^-	O^{2-}	

図 8.1 **共役の関係にある酸と塩基の強弱**

例題 8.2

次の (1) ～ (3) の反応はいずれも右向きに進行しやすい．このことから
わかる酸の強弱を，本文中の表記にならって記せ．

    (1) $H_2SO_4 + H_2O \longrightarrow HSO_4^- + H_3O^+$

    (2) $NH_3 + H_3O^+ \longrightarrow NH_4^+ + H_2O$

    (3) $HS^- + OH^- \longrightarrow S^{2-} + H_2O$

解答   (1) $H_2SO_4 > H_3O^+$ (2) $H_3O^+ > NH_4^+$ (3) $HS^- > H_2O$

▶▶ 解説 ⋯⋯⋯⋯⋯⋯⋯⋯⋯⋯⋯⋯⋯⋯⋯⋯⋯⋯⋯⋯⋯⋯⋯⋯⋯⋯⋯⋯⋯⋯⋯⋯⋯⋯⋯

(1) 右向きの反応で酸としてはたらく H_2SO_4 のほうが，左向きの反
　　応で酸としてはたらく H_3O^+ よりも強い．

(2) 右向きの反応で酸としてはたらく H_3O^+ のほうが，左向きの反応
　　で酸としてはたらく NH_4^+ よりも強い．

(3) 右向きの反応で酸としてはたらく HS^- のほうが，左向きの反応
　　で酸としてはたらく H_2O よりも強い．

8.1.8 ルイスの定義 NEW

　ルイスは，水素イオン H^+ がやりとりされる際に非共有電子対が関与し
ていることに注目し，酸と塩基を次のように定義した．

┌─ **ルイスの定義** ─────────────
│ **酸** ⋯ 反応において，**電子対を受け取る**物質
│ **塩基** ⋯ 反応において，**電子対を与える**物質
└──────────────────────

　たとえば，塩化水素が水に溶けて電離するときの反応は，水 H_2O の酸
素原子がもつ非共有電子対が，塩化水素 HCl の水素原子に与えられるこ
とで起こる(下式)．ルイスの定義に基づくと，この反応において電子対を
受け取っている HCl は酸，電子対を与えている H_2O は塩基である．

$$H:\overset{..}{\underset{..}{Cl}}: \; + \; H:\overset{..}{\underset{..}{O}}:H \; \longrightarrow \; :\overset{..}{\underset{..}{Cl}}:^- \; + \; H:\overset{\overset{\textstyle H}{..}}{\underset{..}{O}}:H^+$$

         酸   塩基

　このように，非共有電子対が一方的に与えられることで形成される共有
結合は特に**配位結合** (coordinate bond) と呼ばれる．分子やイオンの間で
水素イオンがやりとりされる際には必ず電子対が関与する．よって，ブレ
ンステッド・ローリーの定義による酸・塩基は，必ずルイスの定義による
酸・塩基となる．しかしルイスの定義では，水素イオンのやりとりを伴わ
ない反応でも酸や塩基を定義することができる．たとえば，三フッ化ホウ
素 BF_3 とフッ化物イオン F^- の反応は，電子不足化合物である BF_3 に対し

て F⁻ が非共有電子対を与えることで起こる．よって，この反応において
電子対を受け取っている BF_3 は酸，電子対を与えている F⁻ は塩基である．
この反応はブレンステッド・ローリーの定義では酸・塩基の反応にはなら
ない．

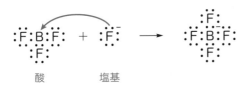

酸　　　塩基

例題 8.3

次の (1)，(2) の反応において，ルイスの定義による酸および塩基とし
てはたらいている分子またはイオンの名称を記せ．

(1) $HCl + NH_3 \longrightarrow NH_4Cl$

(2) $Cu^{2+} + 4NH_3 \longrightarrow [Cu(NH_3)_4]^{2+}$

解答　(1) 酸：塩化水素　　塩基：アンモニア

　　　(2) 酸：銅(II)イオン　　塩基：アンモニア

▶▶▶ 解説 ⋯⋯⋯⋯⋯⋯⋯⋯⋯⋯⋯⋯⋯⋯⋯⋯⋯⋯⋯⋯⋯⋯⋯⋯⋯⋯⋯⋯⋯⋯⋯

(1) HCl の水素原子に NH_3 の非共有電子対が与えられるので，電子対
を受け取った HCl が酸，電子対を与えた NH_3 が塩基である．

(2) Cu^{2+} に NH_3 の非共有電子対が与えられるので，電子対を受け取っ
た Cu^{2+} が酸，電子対を与えた NH_3 が塩基である．

8.2　水素イオン濃度と pH

8.2.1　水の電離と水のイオン積

　純粋な水の中にも，H_2O がわずかに電離することで H⁺ と OH⁻ が存在す
る．

$$H_2O \longrightarrow H^+ + OH^-$$

　純粋な水の中では，**水素イオン濃度** (hydrogen ion concentration) [H⁺]
と**水酸化物イオン濃度** (hydroxide ion concentration) [OH⁻] は等しく，
25 ℃においては次の値となる．

$$[H^+] = [OH^-] = 1.0 \times 10^{-7}\,mol/L$$

　また，[H⁺]と[OH⁻]の積は，純粋な水の中でも酸性や塩基性の水溶液中
でも常に一定になる(その理由は第 13 章で扱う)．

$$[H^+][OH^-] = K_w$$

この K_w を**水のイオン積**(ion product of water)という．純粋な水(25 ℃)では $[H^+] = [OH^-] = 1.0 \times 10^{-7}$ mol/L なので，K_w は次の値となる．

$$[H^+][OH^-] = K_w = 1.0 \times 10^{-14} \; (mol/L)^2$$

これ以降，とくにことわりのない限り，水溶液の温度は 25 ℃とする．

8.2.2　水素イオン濃度と pH

水溶液の酸性および塩基性の強弱は，**pH**（**水素イオン指数**，hydrogen ion exponent)によって表すことができる．pH は次のように定義される．

$$[H^+] = 10^{-a} \; mol/L \quad のとき, \qquad pH = a = -\log_{10} \frac{[H^+]}{mol/L}$$

中性の水溶液では，水素イオン濃度と水酸化物イオン濃度が等しいので，

$$[H^+] = [OH^-] = 1.0 \times 10^{-7} \; mol/L \qquad つまり, \; pH = 7.00$$

酸性の水溶液では，中性の水溶液に比べて水素イオン濃度が大きくなるので，

$$[H^+] > 1.0 \times 10^{-7} \; mol/L, \; [OH^-] < 1.0 \times 10^{-7} \; mol/L$$
$$つまり, \; pH < 7.00$$

塩基性の水溶液では，中性の水溶液に比べて水酸化物イオン濃度が大きくなるので，

$$[H^+] < 1.0 \times 10^{-7} \; mol/L, \; [OH^-] > 1.0 \times 10^{-7} \; mol/L$$
$$つまり, \quad pH > 7.00$$

水素イオン濃度が大きい，つまり酸性が強い水溶液ほど pH は小さく，水酸化物イオン濃度が大きい，つまり塩基性が強い水溶液ほど pH は大きくなる．

8.2.3　水酸化物イオン濃度と pOH

水溶液の塩基性の強さを表すときは，水素イオン濃度の代わりに水酸化物イオンを用いた **pOH**（**水酸化物イオン指数**，hydroxide ion exponent)を用いると便利である．pOH は次のように定義される．

$$[OH^-] = 10^{-a} \; mol/L \quad のとき, \qquad pOH = a = -\log_{10} \frac{[OH^-]}{mol/L}$$

pH と pOH の関係は，水のイオン積 $[H^+][OH^-] = K_w$ から導くことができる．この両辺を $(mol/L)^2$ で除してから，常用対数をとって符号を変えると，

$$-\log_{10} \frac{[H^+]}{mol/L} - \log_{10} \frac{[OH^-]}{mol/L} = -\log_{10} \frac{K_w}{(mol/L)^2}$$

$$pH + pOH = pK_w$$

25 ℃では $K_w = 1.0 \times 10^{-14}\,(mol/L)^2$ なので，

$$\boxed{pH + pOH = 14.00}$$

つまり，pH と pOH を加えると 14.00 になるので，pH または pOH のいずれかが求まれば，もう一方を容易に求めることができる．

$[H^+]$，$[OH^-]$，pH，pOH の関係を**図 8.2** に示す．

酸性	強						弱
pH	1	3	5	7	6	11	13
$[H^+]$	10^{-1}	10^{-3}	10^{-5}	10^{-7}	10^{-9}	10^{-11}	10^{-13}
$[OH^-]$	10^{-13}	10^{-11}	10^{-9}	10^{-7}	10^{-5}	10^{-2}	10^{-1}
pOH	13	11	9	7	5	3	1
塩基性	弱						強

図 8.2　$[H^+]$，$[OH^-]$，pH，pOH の関係

8.2.4　pH と pOH の有効数字 NEW

pH や pOH など，対数をとったときの有効数字は，掛け算や割り算，足し算や引き算のときのように単純ではない．たとえば，次の二つの例を考える．

● $[H^+] = 1.5 \times 10^{-2}\,mol/L$ の水溶液の真の $[H^+]$ は次の範囲にある．

$$1.45 \times 10^{-2}\,mol/L < [H^+] < 1.55 \times 10^{-2}\,mol/L$$

よって，この水溶液の pH は，

$[H^+] = 1.45 \times 10^{-2}\,mol/L$ のとき，$pH = 2 - 0.1613\cdots = 1.8386\cdots$

$[H^+] = 1.55 \times 10^{-2}\,mol/L$ のとき，$pH = 2 - 0.1903\cdots = 1.8096\cdots$

の間にあるはずである．小数第 2 位を四捨五入すると，pH = 1.8 で一致する．

● $[H^+] = 9.5 \times 10^{-2}\,mol/L$ の水溶液の真の $[H^+]$ は次の範囲にある．

$$9.45 \times 10^{-2} \, \text{mol/L} < [\text{H}^+] < 9.55 \times 10^{-2} \, \text{mol/L}$$

よって，この水溶液の pH は，

$$[\text{H}^+] = 9.45 \times 10^{-2} \, \text{mol/L のとき，} \text{pH} = 2 - 0.9754\cdots = 1.0245\cdots$$
$$[\text{H}^+] = 9.55 \times 10^{-2} \, \text{mol/L のとき，} \text{pH} = 2 - 0.9800\cdots = 1.0199\cdots$$

の間にあるはずである．小数第 3 位を四捨五入すると，pH = 1.02 で一致する．

　このように，$[\text{H}^+]$の有効数字の桁数と pH の有効数字には一定の関係がない．そこで，一般には，常用対数をとる前の数値の有効数字の桁数と，常用対数をとった後の数値の小数点以下の桁数が一致するように表記する．たとえば，$[\text{H}^+] = 1.5 \times 10^{-2} \, \text{mol/L}$ の水溶液の pH は次のように計算される．

桁数を表す数　　　桁数を表す数

$$\text{pH} = -\log_{10}(1.5 \times 10^{-2}) = 2 - 0.176 = 1.824 \fallingdotseq 1.82$$

有効数字 2 桁　　　有効数字 2 桁+1 桁　　　小数第 2 位まで

例題 8.4

次の(1) ～ (3)の水溶液の pH を求めよ．ただし，水のイオン積は，$1.0 \times 10^{-14} \, (\text{mol/L})^2$ とする．

(1) 0.020 mol/L の塩酸

(2) 0.20 mol/L の酢酸水溶液(電離度 0.010)

(3) 0.010 mol/L の水酸化バリウム水溶液

解答　(1) 1.70　　　(2) 2.70　　　(3) 12.30

▶▶ 解 説 ………………………………………………………………………………

(1) HCl は強酸であり，水溶液中で完全に電離する．

$$\text{HCl} \longrightarrow \text{H}^+ + \text{Cl}^-$$

よって

$$[\text{H}^+] = 0.020 \, \text{mol/L} = 2.0 \times 10^{-2} \, \text{mol/L}$$

$$\text{pH} = -\log_{10}(2.0 \times 10^{-2}) = 2 - 0.301 = 1.699$$

(2) CH_3COOH は弱酸であり，水溶液中で一部が電離する．

$$\text{CH}_3\text{COOH} \rightleftharpoons \text{CH}_3\text{COO}^- + \text{H}^+$$

よって

$$[H^+] = 0.20\ \text{mol/L} \times 0.010 = 2.0 \times 10^{-3}\ \text{mol/L}$$

$$pH = -\log_{10}(2.0 \times 10^{-3}) = 3 - 0.301 = 2.699$$

(3) $Ba(OH)_2$ は強塩基であり，水溶液中で完全に電離する．

$$Ba(OH)_2 \longrightarrow Ba^{2+} + 2OH^-$$

よって

$$[OH^-] = 0.010\ \text{mol/L} \times 2 = 2.0 \times 10^{-2}\ \text{mol/L}$$

$$[H^+] = \frac{1.0 \times 10^{-14}\ (\text{mol/L})^2}{2.0 \times 10^{-2}\ \text{mol/L}} = 5.0 \times 10^{-13}\ \text{mol/L}$$

$$pH = -\log_{10}(5.0 \times 10^{-13}) = 13 - 0.698 = 12.302$$

または

$$pOH = -\log_{10}(2.0 \times 10^{-2}) = 2 - 0.301 = 1.699$$

$$pH = 14 - 1.699 = 12.301$$

8.3 中和反応

8.3.1 中和反応

　酸と塩基が反応し，互いの性質を打ち消し合う反応を**中和反応**（neutralization）という．いくつかの例をもとに，中和反応のしくみをみていこう．

例) 塩酸と水酸化ナトリウム水溶液の混合

　塩酸に水酸化ナトリウム水溶液を加えてちょうど中和すると，塩化ナトリウムと水が生じる．この反応の化学反応式は，次式で表される．

$$HCl + NaOH \longrightarrow NaCl + H_2O$$

　塩化水素，水酸化ナトリウム，塩化ナトリウムは水溶液中で完全に電離しているが，水はほとんど電離していない．このときの水溶液中のようすを模式的に表すと**図 8.3** のようになる．

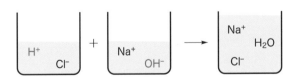

図 8.3　塩酸に水酸化ナトリウム水溶液を加えたときの変化

　よって，この反応では，酸の水溶液に含まれる H^+（実際には H_3O^+）と塩基の水溶液に含まれる OH^- のみが変化しており，イオン反応式は次式で表される．

$$H^+ + OH^- \longrightarrow H_2O$$

反応後の水溶液を蒸発乾固させれば塩化ナトリウムが得られる。この塩化ナトリウムのように，塩基の陽イオンと酸の陰イオンからなるイオン結合の物質を**塩**(salt)という。

例) 塩酸とアンモニア水の混合

塩酸にアンモニア水を加えてちょうど中和すると，塩化アンモニウムの水溶液となる。この反応の化学反応式は，次式で表される。

$$HCl + NH_3 \longrightarrow NH_4Cl$$

塩化水素，塩化アンモニウムは水溶液中で完全に電離しているが，アンモニアはほとんど電離していないため，水溶液中のようすを模式的に表すと次の**図8.4**のようになる。

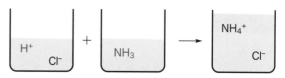

図8.4　塩酸にアンモニア水を加えたときの変化

よって，この反応のイオン反応式は次式で表される。

$$H^+ + NH_3 \longrightarrow NH_4^+$$

以上より，**中和反応は H^+ を放出しやすい物質と，H^+ を受け入れやすい物質（水酸化物イオン OH^- やアンモニア NH_3）の間で H^+ がやりとりされる反応**と考えることができる。

例題 8.5

次の(1) ～ (3)で起こる反応の化学反応式を記せ。
(1) 酢酸水溶液に水酸化ナトリウム水溶液を加えてちょうど中和する。
(2) 水酸化カルシウム水溶液に塩酸を加えてちょうど中和する。
(3) 希硫酸にアンモニアを通じて硫酸を完全に中和する。

解答
(1) $CH_3COOH + NaOH \longrightarrow CH_3COONa + H_2O$
(2) $2HCl + Ca(OH)_2 \longrightarrow CaCl_2 + 2H_2O$
(3) $H_2SO_4 + 2NH_3 \longrightarrow (NH_4)_2SO_4$

▶▶ **解説** ⋯⋯⋯⋯⋯⋯⋯⋯⋯⋯⋯⋯⋯⋯⋯⋯⋯⋯⋯⋯⋯⋯⋯⋯⋯⋯⋯⋯⋯⋯⋯⋯⋯

それぞれのイオン反応式は次のようになる（係数は化学反応式と一致

させた）．あとは反応に関与していないイオンを加えれば，解答の化学反応式が得られる．

(1) $CH_3COOH + OH^- \longrightarrow CH_3COO^- + H_2O$

(2) $2H^+ + 2OH^- \longrightarrow 2H_2O$

(3) $2H^+ + 2NH_3 \longrightarrow 2NH_4^+$

8.3.2　中和反応の量的関係

　酸と塩基が中和反応する際には，前項で述べたように，水素イオンのやりとりを伴う．したがって，酸と塩基が過不足なく反応するとき，酸が出すことができる水素イオンのすべてを塩基が受け取ることになるので，次の関係が成り立つ．

$$\begin{pmatrix}酸が出すことができる \\ H^+ の物質量\end{pmatrix} = \begin{pmatrix}塩基が受け取ることができる \\ H^+ の物質量\end{pmatrix}$$

例題 8.6

次の (1)，(2) に答えよ．ただし，原子量は H = 1.0，O = 16.0，Na = 23.0 とする．

(1) 0.100 mol の硫酸をちょうど中和するのに必要な水酸化ナトリウムの質量は何 g か．

(2) 0.100 mol/L の水酸化カルシウム水溶液 20.0 mL に濃度不明の塩酸を加えて中和したところ完全に中和するのに 12.0 mL を要した．塩酸のモル濃度は何 mol/L か．

解答　(1) 8.00 g　　　(2) 0.333 mol/L

▶▶ 解　説

(1) H_2SO_4 は 2 価の酸，NaOH は 1 価の塩基なので，求める NaOH（式量 40.0）の質量を w〔g〕とすると，

$$0.100 \text{ mol} \times 2 = \frac{w\,〔g〕}{40.0 \text{ g/mol}} \times 1 \qquad w = 8.00 \text{ g}$$

(2) HCl は 1 価の酸，$Ca(OH)_2$ は 2 価の塩基なので，求める塩酸のモル濃度を c〔mol/L〕とすると，

$$c\,〔mol/L〕 \times \frac{12.0}{1000} \text{ L} \times 1 = 0.100 \text{ mol/L} \times \frac{20.0}{1000} \text{ L} \times 2$$

$$c = 0.3333 \text{ mol/L} \fallingdotseq 0.333 \text{ mol/L}$$

8.3.3 中和滴定

　濃度のわかっている酸(または塩基)の水溶液を利用して，濃度のわからない塩基（または酸）の濃度を決める操作を**中和滴定**（neutralization titration）という．酸の水溶液に塩基の水溶液を滴下していくと，酸が過剰であれば酸性，塩基が過剰であれば塩基性を示すため，水溶液の pH は，酸と塩基が過不足なく反応する点である**中和点**（point of neutralization）の前後で大きく変化する．よって，その pH の範囲内に**変色域**（transition interval）をもつ **pH 指示薬**（pH indicator）を加えておけば，溶液の色の変化により中和点を知ることができる．中和滴定の pH 指示薬には，**メチルオレンジ**（変色域 3.1 〜 4.4）や**フェノールフタレイン**（変色域 8.0 〜 9.8）がよく用いられる．

例）塩酸に水酸化ナトリウム水溶液を滴下して滴定

　中和点では塩化ナトリウム水溶液となって中性を示し，その前後で pH は約 3 から約 11 へと急激に変化する（**図 8.5**）．よって，強酸と強塩基の中和滴定では，フェノールフタレインおよびメチルオレンジのどちらも用いることができる．

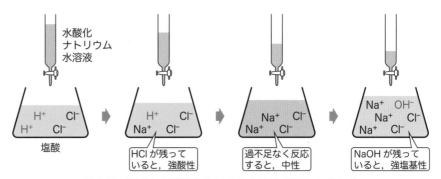

図 8.5　塩酸と水酸化ナトリウム水溶液の滴定のようす

　0.10 mol/L の塩酸 10 mL を，0.10 mol/L の水酸化ナトリウム水溶液で滴定したときの，水酸化ナトリウム水溶液の滴下量と水溶液の pH の変化を**図 8.6**に示す．このような図を**滴定曲線**（titration curve）という．

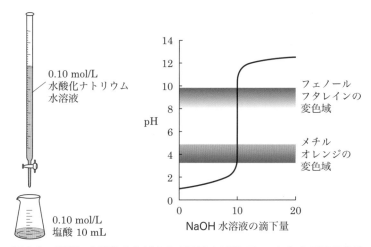

図 8.6　塩酸に水酸化ナトリウム水溶液を加えていったときの滴定曲線

例）酢酸水溶液に水酸化ナトリウム水溶液を滴下して滴定

　中和点は酢酸ナトリウム水溶液となって弱塩基性を示し（詳細は第 13 章で述べる），その前後で pH は約 6 から約 11 へと変化する（図 8.7）．よって，弱酸と強塩基の中和滴定では，フェノールフタレインを用いることはできるが，メチルオレンジを用いることはできない．

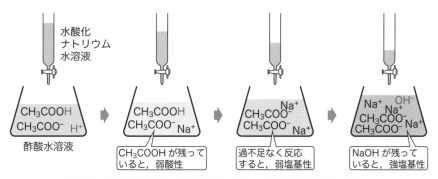

図 8.7　酢酸水溶液と水酸化ナトリウム水溶液の滴定のようす

　0.10 mol/L の酢酸水溶液 10 mL を，0.10 mol/L の水酸化ナトリウム水溶液で滴定したときの，水酸化ナトリウム水溶液の滴下量と水溶液の pH の変化を図 8.8 に示す．

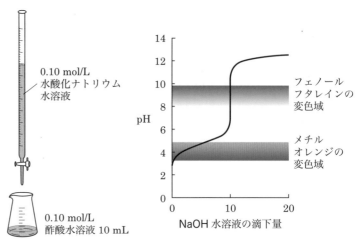

図 8.8 **酢酸水溶液に水酸化ナトリウム水溶液を加えていったときの滴定曲線**

例題 8.7

食酢中の酢酸の濃度を決定するために，次の手順 1 〜 4 を行った．この実験について，下の (1) 〜 (4) に答えよ．ただし，原子量は H = 1.0，C = 12.0，O = 16.0 とする．

手順 1 シュウ酸二水和物 6.30 g を正確にはかりとって約 500 mL の水に溶かし，さらに水を加えて全量を 1.00 L とした．

手順 2 水酸化ナトリウム約 4 g を水に溶かして 1.00 L とした．

手順 3 手順 1 で調製したシュウ酸水溶液 10.0 mL をコニカルビーカーにはかりとり，ここに手順 2 で調製した水酸化ナトリウム水溶液を滴下していったところ，中和点までの滴下量は 12.50 mL であった．

手順 4 食酢を水で 10.0 倍に希釈した水溶液を 10.0 mL をコニカルビーカーにはかりとり，ここに手順 1 で調製した水酸化ナトリウム水溶液を滴下していったところ，中和点までの滴下量は 9.00 mL であった．

(1) 手順 1 で調製したシュウ酸水溶液のモル濃度は何 mol/L か．

(2) 手順 2 で調製した水酸化ナトリウム水溶液のモル濃度は何 mol/L か．

(3) 用いた食酢に含まれる酢酸のモル濃度は何 mol/L か．ただし，食酢には酢酸以外に水酸化ナトリウムと反応する物質は含まれないものとする．

(4) 用いた食酢の酸度（含まれる酸の質量パーセント濃度）はいくらか．ただし，食酢の密度は 1.02 g/cm^3 とする．

解答 (1) 0.0500 mol/L (2) 0.0800 mol/L (3) 0.720 mol/L
(4) 0.250 mol/L

▶▶ **解 説**

(1) シュウ酸二水和物 $H_2C_2O_4\cdot 2H_2O$ （式量 126）の物質量と $H_2C_2O_4$ の物質量は等しいので，

$$\frac{\dfrac{6.30\ \text{g}}{126\ \text{g/mol}}}{1.00\ \text{L}} = 0.0500\ \text{mol/L}$$

(2) シュウ酸 $H_2C_2O_4$ は 2 価の酸，水酸化ナトリウム NaOH は 1 価の塩基なので，調製した水酸化ナトリウム水溶液のモル濃度を x〔mol/L〕とすると，

$$0.0500\ \text{mol/L} \times \frac{10.0}{1000}\ \text{L} \times 2 = x\ \text{〔mol/L〕} \times \frac{12.50}{1000}\ \text{L} \times 1$$

$$c = 0.0800\ \text{mol/L}$$

なお，水酸化ナトリウムは空気中の水蒸気を吸収したり，二酸化炭素と反応してしまうため，はかりとった質量から正確な濃度を求めることができないので，このようにして濃度を求める．

(3) 酢酸 CH_3COOH は 1 価の酸，水酸化ナトリウム NaOH は 1 価の塩基なので，用いた食酢中の酢酸のモル濃度を y〔mol/L〕とすると，

$$\frac{y\ \text{〔mol/L〕}}{10.0} \times \frac{10.0}{1000}\ \text{L} \times 1 = 0.0800\ \text{mol/L} \times \frac{9.00}{1000}\ \text{L} \times 1$$

$$y = 0.720\ \text{mol/L}$$

(4) $1\ \text{L}\ (= 1000\ \text{cm}^3)$ あたりで考える．$CH_3COOH = 60.0$ なので，

$$\frac{60.0\ \text{g/mol} \times 0.720\ \text{mol/L} \times 1\ \text{L}}{1.02\ \text{g/cm}^3 \times 1000\ \text{cm}^3} \times 100\ \% = 4.235\ \% \fallingdotseq 4.24\ \%$$

必要があれば次の値を用いること．
原子量 $H = 1.0,\ C = 12,\ O = 16,\ Na = 23$

章末問題

1 次の (1) ～ (3) の反応はいずれも右向きに進行しやすい．このことから，$H_2CO_3,\ HCO_3^-,\ CH_3COOH,\ C_6H_5OH$ を，酸の強さが強い順に化学式で並べよ．

(1) $CH_3COOH + NaHCO_3 \longrightarrow CH_3COONa + H_2O + CO_2$

(2) $C_6H_5OH + Na_2CO_3 \longrightarrow C_6H_5ONa + NaHCO_3$

(3) $C_6H_5ONa + H_2O + CO_2 \longrightarrow C_6H_5OH + NaHCO_3$

2 次の (1) 〜 (4) の水溶液の pH を求めよ．ただし，水のイオン積は K_w $= 1.00 \times 10^{-14}$ (mol/L)^2 とする．

(1) 0.030 mol/L の希硝酸

(2) 0.050 mol/L のアンモニア水(電離度 0.010)

(3) pH $= 13.0$ の水酸化バリウム水溶液を水で 10 倍に希釈した水溶液

(4) 0.030 mol/L の希硝酸 100 mL と，0.010 mol/L の水酸化カルシウム水溶液 100 mL を混合した水溶液

3 次の(1) 〜 (5)の化学反応式を記せ．

(1) 希硫酸に水酸化ナトリウム水溶液を加えてちょうど中和する．

(2) 希硝酸にアンモニアを通じて硝酸をすべて中和する．

(3) 水酸化ナトリウム水溶液に少量の二酸化炭素を通じる．

(4) 炭酸ナトリウム水溶液に，少量の塩酸を加える．

(5) リン酸水溶液に，十分な量の水酸化ナトリウム水溶液を加える．

4 次の(1) 〜 (4)に答えよ．

(1) 濃度不明の酢酸水溶液 10.0 mL に 0.200 mol/L の水酸化ナトリウム水溶液を加えて中和したところ，完全に中和するのに 16.0 mL を要した．酢酸水溶液のモル濃度は何 mol/L か．

(2) 0.10 mol/L のシュウ酸水溶液 10.0 mL を完全に中和するのに必要な 0.15 mol/L の水酸化ナトリウム水溶液は何 mL か．

(3) 12 mol/L の濃塩酸 250 mL を完全に中和するのに必要な炭酸ナトリウムの質量は何 g か．

(4) 0.200 mol/L の希硫酸 20.0 mL にある量のアンモニアを通じた後，残っている硫酸を 0.200 mol/L の水酸化カリウム水溶液を加えて中和したところ，硫酸を完全に中和するのに水酸化カリウム水溶液 24.0 mL を要した．はじめに通じたアンモニアは何 mol か．

5 調製した水酸化ナトリウム水溶液の濃度を決定するために，次の手順 1, 2 を行った．この実験について，下の(1) 〜 (4)に答えよ．

手順 1　シュウ酸二水和物 1.26 g を正確にはかりとって約 100 mL の水に溶かし，さらに水を加えて全量を 200 mL とした．

手順 2　手順 1 で調製したシュウ酸水溶液 10.0 mL をコニカルビーカーにはかりとり，濃度不明の水酸化ナトリウム水溶液を滴下していったところ，中和点までの滴下量は 16.00 mL であった．

(1) 手順 1 で調製したシュウ酸水溶液のモル濃度は何 mol/L か．

(2) 手順 2 で用いた水酸化ナトリウム水溶液のモル濃度は何 mol/L か．

第**9**章

酸化還元

❖ この章の目標 ❖

☐ 電子のやりとりをもとにした酸化・還元の定義を理解する

☐ 酸化数を求めることができる

☐ 酸化還元反応において，酸化剤・還元剤を判別できる

☐ 酸化剤・還元剤の半反応式が書ける

☐ 酸化還元反応のイオン反応式や化学反応式が書ける

☐ 酸化還元反応の量的関係を用いた計算ができる

☐ イオン化傾向の大小をもとに反応が起こるかどうかの判別ができる

● この章で学ぶこと..........

紙の燃焼，金属が錆びる変化，衣類の漂白で起こる変化はいずれも酸化還元反応である．この章では，酸化還元反応が電子のやりとりであることを理解し，酸化数をもとに酸化還元を判別できるようにする．また，さまざまな酸化還元反応の反応式を組み立てられるようにする．金属のイオン化傾向に対する理解も深め，酸化還元反応が起こるかどうかも判別できるようにする．

9.1 酸化還元と酸化剤・還元剤

9.1.1 酸化還元の定義

もともとは，**酸化** (oxidation) とは酸素と化合する変化を指し，**還元** (reduction) とは酸化物から酸素を奪ってもとに戻す変化をさす言葉であった．たとえば，銅を空気中で加熱すると，次の反応によって銅 Cu は酸化され，酸化銅(II) CuO が生じる．

$$2Cu \ + \ O_2 \ \longrightarrow \ 2CuO$$

酸素と化合した ⇒酸化された （Cu^{2+}, O^{2-}）

CuO は銅 (II) イオン Cu^{2+} と酸化物イオン O^{2-} からなるイオン結合の物質である．つまり，この反応では Cu が Cu^{2+} に変化しており，銅は電子 e^- を失っている．

$$Cu \ \longrightarrow \ Cu^{2+} \ + \ 2e^-$$

また，酸化銅(II) と炭素粉末を混合して加熱すると，次の反応によって

酸化銅(II) CuO は還元され，銅 Cu が生じる．

$$2CuO + C \longrightarrow 2Cu + CO_2$$

Cu²⁺, O²⁻

酸素を失った ⇒ 還元された

この反応では，Cu^{2+} が Cu に変化しており，銅は電子 e^- を得ている．

$$Cu^{2+} + 2e^- \longrightarrow Cu$$

このように，酸化や還元の際には，電子 e^- のやりとりを伴う．そこで，**「酸化」とは，電子を失う反応であり，「還元」とは電子を得る反応である**と定義すると，酸素が関与しない反応においても酸化や還元を考えることができる．たとえば，加熱した銅を塩素に触れさせると，黄褐色の塩化銅 (II) が生じる．

$$Cu + Cl_2 \longrightarrow CuCl_2$$

この反応では，Cu が Cu^{2+} に変化しており，電子 e^- を失っている．また，塩素 Cl_2 は塩化物イオン Cl^- に変化しており，電子 e^- を得ている．よって，銅は酸化され，塩素は還元されたといえる．

$$Cu \longrightarrow Cu^{2+} + 2e^-$$

電子を失った ⇒ 酸化された

$$Cl_2 + 2e^- \longrightarrow 2Cl^-$$

電子を得た ⇒ 還元された

9.1.2　酸化数

前項で扱った反応のように，反応物や生成物が単体またはイオン結合によってできた物質である場合には，反応における電子のやりとりが明確である．しかし，反応物または生成物が共有結合によってできた物質の場合には，反応における電子のやりとりが明確でない場合が多い．

そこで，一つの原子に注目したとき，その原子がどれだけ酸化または還元されているかを表す**酸化数**（oxidation number）が考えられた．酸化数は，電気的に中性である原子の状態から電子を失った場合には，その個数に「＋」を付して，電子を得た場合には，その数に「−」を付して表したものである．

たとえば，水素 H_2 においては，共有電子対は電気陰性度の等しい二つの水素原子に均等に共有されており，どちらの原子にも偏っていない．よっ

て，水素は電気的に中性である原子と同じ状態であり，酸化も還元もされ
ていない．よって，酸化数は 0 となる（図 9.1）．

　一方，水 H_2O においては，共有電子対は電気陰性度のより大きい酸素
のほうに偏っている．このとき，水素は電気的に中性である原子に比べて
電子を 1 個失った状態であり，酸化されている．よって，酸化数は +1 と
なる．一方，酸素は電気的に中性である原子に比べて電子を 2 個得た状
態であり，還元されている．よって，酸化数は −2 となる．

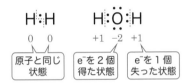

図 9.1　水素，水の酸化数

　酸化数が大きいほど電子を失った状態であり，その原子は酸化されてい
るといえる．逆に，酸化数が小さいほど電子を得た状態であり，その原子
は還元されているといえる．よって，酸化および還元は次のように定義す
ることができる．

┌─ **酸化還元の定義** ──────────
│ **酸化 … 電子を失い，酸化数が増加する変化**
│ **還元 … 電子を得て，酸化数が減少する変化**
└──────────────────────

　つまり，反応前後の酸化数さえわかれば，その物質が酸化されたか還元
されたかを決めることができる．しかし，そのつど電気陰性度をもとに酸
化数を求めるのは煩雑である．そこで，酸化数は次のような通則で決める
ことにする．

＜酸化数を求めるときの通則＞

① **単体中の原子の酸化数は 0 とする．** これは，電気的に中性である原子
　の状態を基準にし，電気陰性度の等しい原子間では電子のやりとりが
　行われないためである．

$$\underset{0}{H_2} \qquad \underset{0}{O_2} \qquad \underset{0}{Na}$$

② **単原子イオンの酸化数はイオンの電荷に等しい．** これは，電子を奪わ
　れるほど正の電荷が大きくなり，電子を受け取るほど負の電荷が大き
　くなるためである．

$$\underset{+1}{Na^+} \qquad\qquad \underset{-2}{S^{2-}}$$

③ **化合物中の水素原子は +1，酸素原子は -2 とする.** これは，非金属元素の中で電気陰性度が比較的小さい水素は電子を奪われやすく，非金属元素の中で電気陰性度が比較的大きい酸素は電子を受け取りやすいためである. ただし，以下の例外があるので注意.

$$\underset{+1}{C}H_4 \qquad\qquad S\underset{-2}{O}_3$$

例外 1：過酸化水素などの過酸化物中の酸素原子は -1 とする. これは，電気陰性度が等しい酸素原子間の共有電子対は均等に共有されるためである.

$$H_2\underset{-1}{O}_2 \qquad\qquad \underset{+1}{H} : \underset{-1}{\overset{..}{\underset{..}{O}}} : \underset{-1}{\overset{..}{\underset{..}{O}}} : \underset{+1}{H}$$

例外 2：金属の水素化物の水素原子 -1 とする. これは，水素が水素化物イオンとよばれる一価の陰イオン H^- になっているためである.

$$Na\underset{-1}{H}$$

④ **化合物を構成する原子の酸化数の総和は 0 とする.** これは，電気的に中性の化合物中では，ある原子が失った電子の数の総和と，ある原子が得た電子の数の総和が等しくなるためである. たとえば次の式のように，硫酸中の硫黄の酸化数は +6 となる.

$$H_2\underset{x}{S}O_4 \qquad (+1)\times 2 + x + (-2)\times 4 = 0 \quad x = +6$$

⑤ **多原子イオンを構成する原子の酸化数の総和は，イオンの電荷に等しい.** これは，ある原子が失った電子の数の総和と，ある原子が得た電子の数の総和の差が，イオンがもつ電荷に現れるためである.

$$\underset{x}{Mn}O_4{}^- \qquad x + (-2)\times 4 = -1 \quad x = +7$$

例題 9.1

次の(1) 〜 (6)の下線を付した原子の酸化数を求めよ.

(1) $\underline{N}_2$　　　　(2) $H_3\underline{P}O_4$　　　　(3) $Ca\underline{H}_2$

(4) $Fe\underline{Cl}_3$　　　(5) $K\underline{Cl}O_3$　　　(6) $K_2\underline{Cr}_2O_7$

解答　(1) 0　　　　(2) +5　　　　(3) −1

　　　(4) −1　　　　(5) +5　　　　(6) +6

▶▶ 解説 ⋯⋯⋯⋯⋯⋯⋯⋯⋯⋯⋯⋯⋯⋯⋯⋯⋯⋯⋯⋯⋯⋯⋯⋯

(1) 単体中の原子の酸化数は 0 である.

(2) H の酸化数は +1，O の酸化数は −2 であり，化合物中の酸化数の

総和は 0 なので，P の酸化数を x とすると

$(+1) \times 3 + x + (-2) \times 4 = 0$ $x = +5$

(3) Ca^{2+} と H^- からなる物質なので，H の酸化数は -1 である．

(4) Fe^{3+} と Cl^- からなる物質なので，Cl の酸化数は -1 である．

(5) K^+ と ClO_3^- からなる物質なので，Cl の酸化数を x とすると

$x + (-2) \times 3 = -1$ $x = +5$

(6) K^+ と $Cr_2O_7^{2-}$ からなる物質なので，Cr の酸化数を x とすると

$x \times 2 + (-2) \times 7 = -2$ $x = +6$

9.1.3 酸化剤と還元剤

酸化と還元は必ず同時に起こる．そこで，相手の物質を酸化する物質を**酸化剤** (oxidizing agent)，相手の物質を還元する物質を**還元剤** (reducing agent) と呼ぶ．

「電子を奪うことで相手の物質を酸化する物質」が酸化剤なので，酸化剤自身は電子を受け取って還元される．つまり，**酸化剤には酸化数が減少する原子が含まれる**（図 9.2）．一方，**「電子を与えることで相手の物質を還元する物質」**が還元剤なので，還元剤自身は電子を失って酸化される．つまり，**還元剤には酸化数が増加する原子が含まれる**．

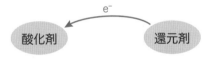

酸化剤	還元剤
相手を酸化する物質 （自身は還元される）	相手を還元する物質 （自身は酸化される）

図 9.2　酸化剤と還元剤

例題 9.2

次の (1)，(2) の反応において，酸化剤および還元剤としてはたらいている物質の化学式をそれぞれ記せ．

(1) $H_2S + I_2 \longrightarrow S + 2HI$

(2) $MnO_2 + 4HCl \longrightarrow MnCl_2 + 2H_2O + Cl_2$

解答　(1) 酸化剤：I_2　　還元剤：H_2S

(2) 酸化剤：MnO_2　　還元剤：HCl

▶▶▶ 解説 ···

それぞれの反応において，酸化数は次のように変化している．

(1) $\underline{H_2}S$ ＋ $\underline{I_2}$ ⟶ $\underline{S}$ ＋ $2H\underline{I_2}$
　　-2　　0　　　　0　　　-1

（酸化された）　　　　（還元された）

自身が還元された I_2 は電子を受け取っており，酸化剤である．また，自身が酸化された H_2S は電子を与えており，還元剤である．

(2) $\underline{Mn}O_2$ ＋ $4H\underline{Cl}$ ⟶ $\underline{Mn}Cl_2$ ＋ $2H_2O$ ＋ $\underline{Cl_2}$
　　$+4$　　　　-1　　　　　$+2$　　　　　　　　0

（還元された）　　　　　（酸化された）

自身が還元された MnO_2 は電子を受け取っており，酸化剤である．また，自身が酸化された HCl は電子を与えており，還元剤である．

9.2　酸化還元反応の反応式と量的関係

9.2.1　酸化剤，還元剤の半反応式

　酸化剤および還元剤のはたらきを表す，電子を含んだイオン反応式を**半反応式**(harf reaction)という．主な酸化剤，還元剤の半反応式を**表9.1, 9.2**に示す．

　酸化剤，還元剤が何に変化するかがわかれば，半反応式は次の手順で作ることができる．

┌─**半反応式の作り方（酸性条件）**─────
│(1) 酸化剤，還元剤の変化を書く．
│(2) 酸素原子の数を，H_2O を加えて揃える．
│(3) 水素原子の数を，H^+ を加えて揃える．
│(4) 酸化数の変化をもとに e^- を加える．
└────────────────────

例）過マンガン酸イオンの酸化剤としてのはたらき（酸性条件）

(1) 酸性条件では，MnO_4^- は Mn^{2+} に変化する．

　　MnO_4^- 　　　　　　　⟶ Mn^{2+}

(2) 左辺に O 原子が 4 個あるので，4 個の H_2O を右辺に加える．

　　MnO_4^- 　　　　　　　⟶ Mn^{2+} ＋ $4H_2O$

(3) 右辺に H 原子が 8 個あるので，8 個の H^+ を左辺に加える．

　　$MnO_4^- ＋ 8H^+$ 　　　　⟶ Mn^{2+} ＋ $4H_2O$

表9.1　主な酸化剤の半反応式

ハロゲンの単体	Cl_2			$+$	$2e^-$	$\longrightarrow$	$2Cl^-$		
過酸化水素(酸性)	H_2O_2	$+$	$2H^+$	$+$	$2e^-$	$\longrightarrow$	$2H_2O$		
オゾン(酸性)	O_3	$+$	$2H^+$	$+$	$2e^-$	$\longrightarrow$	O_2	$+$	H_2O
二酸化硫黄	SO_2	$+$	$4H^+$	$+$	$4e^-$	$\longrightarrow$	S	$+$	$2H_2O$
過マンガン酸カリウム(酸性)	MnO_4^-	$+$	$8H^+$	$+$	$5e^-$	$\longrightarrow$	Mn^{2+}	$+$	$4H_2O$
二クロム酸カリウム(酸性)	$Cr_2O_7^{2-}$	$+$	$14H^+$	$+$	$6e^-$	$\longrightarrow$	$2Cr^{3+}$	$+$	$7H_2O$
希硝酸	HNO_3	$+$	$3H^+$	$+$	$3e^-$	$\longrightarrow$	NO	$+$	$3H_2O$
濃硝酸	HNO_3	$+$	H^+	$+$	e^-	$\longrightarrow$	NO_2	$+$	H_2O
熱濃硫酸	H_2SO_4	$+$	$2H^+$	$+$	$2e^-$	$\longrightarrow$	SO_2	$+$	$2H_2O$

表9.2　主な還元剤の半反応式

金属の単体	Na		$\longrightarrow$	Na^+			$+$	e^-
ハロゲン化物イオン	$2I^-$		$\longrightarrow$	I_2			$+$	$2e^-$
鉄(II)イオン	Fe^{2+}		$\longrightarrow$	Fe^{3+}			$+$	e^-
過酸化水素	H_2O_2		$\longrightarrow$	O_2	$+$	$2H^+$	$+$	$2e^-$
シュウ酸*	$H_2C_2O_4$		$\longrightarrow$	$2CO_2$	$+$	$2H^+$	$+$	$2e^-$
硫化水素	H_2S		$\longrightarrow$	S	$+$	$2H^+$	$+$	$2e^-$
二酸化硫黄	SO_2	$+$ $2H_2O$	$\longrightarrow$	SO_4^{2-}	$+$	$4H^+$	$+$	$2e^-$

＊ シュウ酸は$(COOH)_2$と表記することもある

(4) Mn の酸化数が +7 から +2 に変化しているので，受け取った 5 個の e^- を左辺に加える．

$$\underset{+7}{MnO_4^-} + 8H^+ + 5e^- \longrightarrow \underset{+2}{Mn^{2+}} + 4H_2O$$

例) 過酸化水素の還元剤としてのはたらき

(1) H_2O_2 は還元剤としてはたらくと，O_2 に変化する．

$$H_2O_2 \longrightarrow O_2$$

(2) (1) の時点で両辺の O 原子の数は合っているので，H_2O を加える必要はない．

$$H_2O_2 \longrightarrow O_2$$

(3) 左辺に H 原子が 2 個あるので，2 個の H^+ を右辺に加える．

$$H_2O_2 \longrightarrow O_2 + 2H^+$$

(4) O の酸化数が −1 から 0 に変化しているので，放出した 2 個の e^- を右辺に加える．

$$\underset{-1}{H_2O_2} \longrightarrow \underset{0}{O_2} + 2H^+ + 2e^-$$

9.2.2　酸化還元反応の化学反応式

酸化剤，還元剤の半反応式から，次の手順により酸化還元反応の化学反応式を作ることができる．

酸化還元反応の化学反応式の作り方

(1) 酸化剤，還元剤の半反応式を書く．
(2) 両辺の電子の数を等しくして消去する．
(3) 反応に直接関与していないイオンを加える．

例) 硫酸酸性の過マンガン酸カリウム水溶液と過酸化水素水を混合したときの反応

(1) 過マンガン酸イオン MnO_4^- は酸性の水溶液中で酸化剤としてはたらく．過酸化水素 H_2O_2 は酸化剤としても還元剤としてもはたらくが，過マンガン酸イオンのような比較的強い酸化剤に対しては還元剤としてはたらく．

$$MnO_4^- + 8H^+ + 5e^- \longrightarrow Mn^{2+} + 4H_2O \quad\quad \cdots ①$$
$$H_2O_2 \longrightarrow O_2 + 2H^+ + 2e^- \quad\quad \cdots ②$$

(2) ①式×2 + ②式×5 により電子 e^- を消去する．両辺に H^+ があるので，これも差し引きしておく．

$$
\begin{array}{l}
2MnO_4^- + 16H^+ + \cancel{10e^-} \longrightarrow 2Mn^{2+} + 8H_2O \\
\underline{+)\ 5H_2O_2 \quad\quad\quad\quad\quad\quad\quad \longrightarrow 5O_2 + 10H^+ + \cancel{10e^-}} \\
2MnO_4^- + 6H^+ + 5H_2O_2 \longrightarrow 2Mn^{2+} + 8H_2O + 5O_2
\end{array}
$$

(3) MnO_4^- は過マンガン酸カリウム $KMnO_4$ として，H^+ は硫酸 H_2SO_4 として表記するために，両辺に $2K^+$，$3SO_4^{2-}$ を加える．

$$2MnO_4^- + 6H^+ + 5H_2O_2 \longrightarrow 2Mn^{2+} + 8H_2O + 5O_2$$
$$+)\quad 2K^+ \qquad 3SO_4^{2-} \qquad\qquad 2SO_4^{2-} \quad 2K^+\ SO_4^{2-}$$
$$\overline{2KMnO_4 + 3H_2SO_4 + 5H_2O_2 \longrightarrow 2MnSO_4 + K_2SO_4 + 8H_2O + 5O_2}$$

例題 9.3

硫酸酸性の二クロム酸カリウム水溶液に二酸化硫黄を十分に通じたところ，水溶液は赤橙色から緑色に変化した．この反応について，次の (1) ～ (3) に答えよ．

(1) 二クロム酸イオンおよび二酸化硫黄の変化を表す半反応式を記せ．

(2) この反応のイオン反応式を記せ．

(3) この反応の化学反応式を記せ．

解答

(1) $Cr_2O_7^{2-} + 14H^+ + 6e^- \longrightarrow 2Cr^{3+} + 7H_2O$

$\quad SO_2 + 2H_2O \longrightarrow SO_4^{2-} + 4H^+ + 2e^-$

(2) $Cr_2O_7^{2-} + 2H^+ + 3SO_2 \longrightarrow 2Cr^{3+} + H_2O + 3SO_4^{2-}$

(3) $K_2Cr_2O_7 + H_2SO_4 + 3SO_2 \longrightarrow Cr_2(SO_4)_3 + K_2SO_4 + H_2O$

▶▶ **解 説** ⋯⋯⋯⋯⋯⋯⋯⋯⋯⋯⋯⋯⋯⋯⋯⋯⋯⋯⋯⋯⋯⋯⋯

(1) 二酸化硫黄は酸化剤としても還元剤としてもはたらくが，二クロム酸イオンのような比較的強い酸化剤に対しては還元剤としてはたらく．このとき，二クロム酸イオン $Cr_2O_7^{2-}$ はクロム (III) イオン Cr^{3+} に，二酸化硫黄 SO_2 は硫酸イオン SO_4^{2-} に変化する．

(2) ①式＋②式×3 により電子 e^- を消去すると，解答のイオン反応式が得られる．

(3) (2)のイオン反応式の両辺に $2K^+$，SO_4^{2-} を加えると，解答の化学反応式が得られる．

9.2.3 酸化還元反応の量的関係

酸化剤が受け取る電子は，必ず還元剤から供給される．したがって，酸化剤と還元剤が過不足なく反応するとき，酸化剤が受け取る電子の物質量と，還元剤が放出する電子の物質量は等しくなる．

> **酸化剤が受け取る e^- の物質量 ＝ 還元剤が放出する e^- の物質量**

これを用いて，酸化剤や還元剤の濃度や量を計算することができる．

例題 9.4

次の(1)，(2)に答えよ．

(1) 硫酸酸性の水溶液中で，0.10 mol の二クロム酸カリウムとちょうど

過不足なく反応する過酸化水素の物質量は何 mol か.

(2) 濃度不明のシュウ酸水溶液 10.0 mL に希硫酸を加えて酸性にした後，0.020 mol/L の過マンガン酸カリウム水溶液を加えていったところ，12.0 mL 加えたところでシュウ酸がすべて酸化された. シュウ酸水溶液のモル濃度は何 mol/L か.

解答 (1) 0.30 mol (2) 0.060 mol/L

▶▶ 解説

(1) $Cr_2O_7^{2-}$ が酸化剤，H_2O_2 が還元剤としてそれぞれ次のようにはたらく.

$$Cr_2O_7^{2-} + 14H^+ + 6e^- \longrightarrow 2Cr^{3+} + 7H_2O$$
$$H_2O_2 \longrightarrow O_2 + 2H^+ + 2e^-$$

$Cr_2O_7^{2-}$ は 1 mol あたり 6 mol の e^- を受け取り，H_2O_2 は 1 mol あたり 2 mol の e^- を放出するので，求める H_2O_2 の物質量を x 〔mol〕とすると

$$0.10\ \text{mol} \times 6 = x\,〔\text{mol}〕 \times 2 \qquad x = 0.30\ \text{mol}$$

(2) MnO_4^- が酸化剤，$H_2C_2O_4$ が還元剤としてそれぞれ次のようにはたらく.

$$MnO_4^- + 8H^+ + 5e^- \longrightarrow Mn^{2+} + 4H_2O$$
$$H_2C_2O_4 \longrightarrow 2CO_2 + 2H^+ + 2e^-$$

MnO_4^- は 1 mol あたり 5 mol の e^- を受け取り，$H_2C_2O_4$ は 1 mol あたり 2 mol の e^- を放出するので，求めるシュウ酸水溶液のモル濃度を c 〔mol/L〕とすると

$$0.020\ \text{mol/L} \times \frac{12.0}{1000}\ \text{L} \times 5 = c\,〔\text{mol/L}〕 \times \frac{10.0}{1000}\ \text{L} \times 2$$

$$c = 0.060\ \text{mol/L}$$

9.3　金属のイオン化傾向

9.3.1　金属のイオン化傾向

　金属が水溶液中で陽イオンになろうとする性質を**イオン化傾向**(ionization tendency)という. 金属はその種類によって陽イオンへのなりやすさが異なる. イオン化傾向の大きい金属の単体は電子を放出して陽イオンになろうとし，イオン化傾向の小さい金属の陽イオンは電子を受け入れて単体になろうとする.

　たとえば，亜鉛板を硫酸銅(Ⅱ)水溶液に浸すと亜鉛板のまわりに銅が析出する(図 9.3). このとき，亜鉛 Zn は電子を放出して亜鉛イオン Zn^{2+} となり，水溶液中の銅(Ⅱ) Cu^{2+} が電子を受け取って Cu となっている.

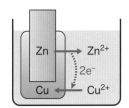

図 9.3 亜鉛板を硫酸銅(II)水溶液に浸したときの変化

この反応の半反応式は次のように表される.

$$Zn \longrightarrow Zn^{2+} + 2e^-$$
$$Cu^{2+} + 2e^- \longrightarrow Cu$$

これらを足し合わせることで,全体の反応のイオン反応式が得られる.

$$Zn + Cu^{2+} \longrightarrow Zn^{2+} + Cu$$

一方,銅板を硫酸亜鉛水溶液に浸しても変化は見られない.

$$Cu + Zn^{2+} \longrightarrow \times$$

　以上の結果から,亜鉛 Zn は銅 Cu よりも陽イオンになりやすい(酸化されやすい)ことがわかる.金属をイオン化傾向の大きい順に並べたものを**イオン化列**(ionization series)という.主な金属のイオン化列を次に示す.なお,水素 H_2 は金属ではないが,金属と同様に水溶液中で陽イオンになる性質があるので,含めておくと便利である.

おもな金属のイオン化列

$$Li > K > Ca > Na > Mg > Al > Zn > Fe > Ni > Sn > Pb$$
$$> H_2 > Cu > Hg > Ag > Pt > Au$$

例題 9.5

次の (1) 〜 (3) で起こる反応のイオン反応式を記せ.ただし,反応が起こらない場合は×を記すこと.
 (1) 銅板を硝酸銀水溶液に浸す.
 (2) 銅板を硫酸ニッケル(II)水溶液に浸す.
 (3) 鉄板を希硫酸に浸す.

解答
 (1) $Cu + 2Ag^+ \longrightarrow Cu^{2+} + 2Ag^+$
 (2) ×
 (3) $Fe + 2H^+ \longrightarrow Fe^{2+} + H_2$

▶▶ 解説 ⋯⋯⋯

(1) イオン化傾向は Cu > Ag なので，Cu が e^- を失って Cu^{2+} になり，Ag⁺ が e^- を受け取って Ag になる．

$$Cu \longrightarrow Cu^{2+} + 2e^- \qquad \cdots ①$$
$$Ag^+ + e^- \longrightarrow Ag^+ \qquad \cdots ②$$

①式＋②式×2 より，解答のイオン反応式が得られる．

(2) イオン化傾向は Ni > Cu なので，反応は起こらない．

(3) イオン化傾向は Fe > H_2 なので，Fe が e^- を失って Fe^{2+} になり，H⁺ が e^- を受け取って H_2 になる．

$$Fe \longrightarrow Fe^{2+} + 2e^- \qquad \cdots ③$$
$$2H^+ + 2e^- \longrightarrow H_2 \qquad \cdots ④$$

③式＋④式×2 より，解答のイオン反応式が得られる．

9.3.2　標準電極電位とイオン化傾向 NEW

金属 M を，その金属イオン M^{n+} を含む水溶液に浸したものを半電池という．半電池においては，M^{n+} が e^- を受け取って M になる反応と，M が e^- を失って Mn^+ になる反応の両方向の反応が起こる可能性がある．

$$M^{n+} + ne^- \rightleftharpoons M$$

また，水素イオンの濃度が 1 mol/L の塩酸に白金電極を入れ，25 ℃，1.013×10^5 Pa の水素ガスを接触させた電極を**標準水素電極**（standard hydrogen electrode：SHE）という．水素標準電極上では，H⁺ が e^- を受け取って H_2 になる反応と，H_2 が e^- を失って H⁺ になる反応の両方向の反応が起こる可能性がある．

$$2H^+ + 2e^- \rightleftharpoons H_2$$

金属 M の半電池と標準水素電極を**図 9.4** のように接続してその間の電位差を測定すると，金属のイオン化傾向を数値で表現することができる．このようにして測定した電位を**標準電極電位**（standard electrode potential）という．

たとえば，金属 M に亜鉛 Zn を用いた場合には次の反応が起こり，亜鉛電極から標準水素電極に向かって電子が流れようとする．これは，亜鉛電極のほうが標準水素電極に比べて電位が低い*ことを示しており，測定される電位差に「−」の符号を付けて表す．

$$Zn \longrightarrow Zn^{2+} + 2e^-$$
$$2H^+ + 2e^- \longrightarrow H_2$$

＊ 正電荷ももつ物体は，電位が高い場所から電位が低い場所に向かって移動しようとする．逆に，負電荷をもつ物体は，電位が低い場所から電位が高い場所に向かって移動しようとする．

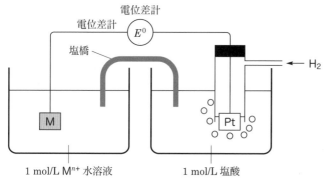

図9.4 **標準電極電位の測定**

また，金属 M に銅 Cu を用いた場合には次の反応が起こり，標準水素
電極から銅電極に向かって電子が流れようとする．これは，銅電極のほう
が標準水素電極に比べて電位が高いことを示しており，測定される電位差
に「＋」の符号を付けて表す．

$$Cu^{2+} + 2e^- \longrightarrow Cu$$
$$H_2 \longrightarrow 2H^+ + 2e^-$$

このようにして測定した，主な金属の標準電極電位を**表9.3**に示す．上
にある，つまり**標準電極電位が低い金属の単体ほど強い還元剤**であり，下
にある，つまり**標準電極電位が高い金属のイオンほど強い酸化剤**である．
すなわち，標準電極電位は金属のイオン化傾向を数値で表しているといえ
る．

表9.3 **主な金属の標準電極電位**

半反応式	標準電極電位 /V	半反応式	標準電極電位 /V
$Li^+ + e^- \rightleftarrows Li$	+3.045	$Ni^{2+} + 2e^- \rightleftarrows Ni$	−0.257
$K^+ + e^- \rightleftarrows K$	−2.925	$Sn^{2+} + 2e^- \rightleftarrows Sn$	−0.138
$Ba^{2+} + 2e^- \rightleftarrows Ba$	−2.92	$Pb^{2+} + 2e^- \rightleftarrows Pb$	−0.126
$Ca^{2+} + 2e^- \rightleftarrows Ca$	−2.84	$2H^+ + 2e^- \rightleftarrows H_2$	0
$Na^+ + e^- \rightleftarrows Na$	−2.714	$Cu^{2+} + 2e^- \rightleftarrows Cu$	+0.337
$Mg^{2+} + 2e^- \rightleftarrows Mg$	−2.356	$Hg^{2+} + 2e^- \rightleftarrows Hg$	+0.796
$Al^{3+} + 3e^- \rightleftarrows Al$	−1.676	$Ag^+ + e^- \rightleftarrows Ag$	+0.799
$Zn^{2+} + 2e^- \rightleftarrows Zn$	−0.763	$Pt^{2+} + 2e^- \rightleftarrows Pt$	+1.188
$Fe^{2+} + 2e^- \rightleftarrows Fe$	−0.44	$Au^{3+} + 3e^- \rightleftarrows Au$	+1.52

　また，標準電極電位を用いれば，二つの半電池を接続して作った電池の起電力を予測することもできる．たとえば，亜鉛の半電池と銅の半電池を電気的に接続すると，ダニエル電池と呼ばれる電池を作ることができる．ダニエル電池の起電力は，銅の標準電極電位と亜鉛の標準電極電位から，次のように計算できる．

$$+0.337\,\text{V} - (-0.763\,\text{V}) = 1.100\,\text{V}$$

9.3.3　標準電極電位と酸化剤，還元剤の強さ [NEW]

　塩素や臭素は次に示すように酸化剤としてはたらき，塩化物イオンや臭化物イオンはその逆反応によって還元剤としてはたらく．

$$Cl_2 + 2e^- \rightleftarrows 2Cl^-$$
$$Br_2 + 2e^- \rightleftarrows 2Br^-$$

　たとえば，臭化カリウム水溶液に塩素を通じると臭素が生成する．このとき塩素が酸化剤，臭化物イオンが還元剤としてはたらいている．

$$2KBr + Cl_2 \longrightarrow 2KCl + Br_2$$

　一方，塩化カリウム水溶液に臭素を加えても塩素は発生しない．つまり，臭素は塩化物イオンに対しては酸化剤としてはたらかない．

$$2KCl + Br_2 \longrightarrow \times$$

　このことから，塩素は臭素よりも強い酸化剤であり，臭化物イオンは塩化物イオンよりも強い還元剤であるといえる．一般に，酸化還元反応は**より強い酸化剤と強い還元剤が反応する方向に進行し，より弱い酸化剤と還元剤が反応する方向には進行しない**．

　前項では，金属の還元剤としての強さや金属イオンの酸化剤としての強さを，標準電極電位を用いて表した．金属以外の半反応についても，その酸化剤および還元剤の強さを標準電極電位で表すことができる．主な酸化剤および還元剤について，標準電極電位を**表9.4**に示す．上にある左向きの反応ほど強い還元剤であり，下にある右向きの反応ほど強い酸化剤である．つまり，**右上にある物質と左下にある物質が反応しやすい**．

表 9.4　さまざまな半反応の標準電極電位

半反応式	標準電極電位 /V
$Li^+ + e^- \rightleftarrows Li$	−3.045
$K^+ + e^- \rightleftarrows K$	−2.925
$Ba^{2+} + 2e^- \rightleftarrows Ba$	−2.92
$Ca^{2+} + 2e^- \rightleftarrows Ca$	−2.84
$Na^+ + e^- \rightleftarrows Na$	−2.714
$Mg^{2+} + 2e^- \rightleftarrows Mg$	−2.356
$Al^{3+} + 3e^- \rightleftarrows Al$	−1.676
$2H_2O + 2e^- \rightleftarrows H_2 + 2OH^-$	−0.828
$2CO_2 + 2H^+ + 2e^- \rightleftarrows H_2C_2O_4$	−0.828
$Zn^{2+} + 2e^- \rightleftarrows Zn$	−0.763
$Fe^{2+} + 2e^- \rightleftarrows Fe$	−0.44
$PbSO_4 + 2e^- \rightleftarrows Pb + SO_4^{2-}$	−0.351
$Ni^{2+} + 2e^- \rightleftarrows Ni$	−0.257
$Sn^{2+} + 2e^- \rightleftarrows Sn$	−0.138
$Pb^{2+} + 2e^- \rightleftarrows Pb$	−0.126
$2H^+ + 2e^- \rightleftarrows H_2$	0
$H_2SO_4 + 2H^+ + 2e^- \rightleftarrows SO_2 + 2H_2O$	+0.171
$S + 2H^+ + 2e^- \rightleftarrows H_2S$	+0.174
$Cu^{2+} + 2e^- \rightleftarrows Cu$	+0.337
$O_2 + 2H_2O + 4e^- \rightleftarrows 4OH^-$	+0.401
$SO_2 + 4H^+ + 4e^- \rightleftarrows S + 2H_2O$	+0.45
$I_2 + 2e^- \rightleftarrows 2I^-$	+0.536
$O_2 + 2H^+ + 2e^- \rightleftarrows H_2O_2$	+0.695
$Fe^{3+} + e^- \rightleftarrows Fe^{2+}$	+0.771
$Hg_2^{2+} + 2e^- \rightleftarrows 2Hg$	+0.796
$Ag^+ + e^- \rightleftarrows Ag$	+0.799
$HNO_3 + 3H^+ + 3e^- \rightleftarrows NO + 2H_2O$	+0.957
$Br_2 + 2e^- \rightleftarrows 2Br^-$	+1.09
$Pt^{2+} + 2e^- \rightleftarrows Pt$	+1.188
$O_2 + 4H^+ + 4e^- \rightleftarrows 2H_2O$	+1.23
$MnO_2 + 4H^+ + 2e^- \rightleftarrows Mn^{2+} + 2H_2O$	+1.23
$Cr_2O_7^{2-} + 14H^+ + 6e^- \rightleftarrows 2Cr^{3+} + 7H_2O$	+1.29
$Cl_2 + 2e^- \rightleftarrows 2Cl^-$	+1.358
$MnO_4^- + 8H^+ + 5e^- \rightleftarrows Mn^{2+} + 4H_2O$	+1.51
$Au^{3+} + 3e^- \rightleftarrows Au$	+1.52
$PbO_2 + SO_4^{2-} + 4H^+ + 2e^- \rightleftarrows PbSO_4 + 2H_2O$	+1.69
$H_2O_2 + 2H^+ + 2e^- \rightleftarrows 2H_2O$	+1.78
$F_2 + 2e^- \rightleftarrows 2F^-$	+2.87

例題 9.6

表 9.4 を参考に，次の (1) ～ (3) の二つの化学種の間で起こると予想される反応のイオン反応式を記せ．ただし，反応が起こらない場合は×と記すこと．

(1) 過マンガン酸イオンと塩化物イオン(酸性条件)

(2) 臭化物イオンとヨウ素

(3) 過酸化水素と鉄(Ⅱ)イオン(酸性条件)

解答

(1) $2MnO_4^- + 16H^+ + 10Cl^- \longrightarrow 2Mn^{2+} + 8H_2O + 5Cl_2$

(2) ×

(3) $H_2O_2 + 2H^+ + 2Fe^{2+} \longrightarrow 2H_2O + 2Fe^{3+}$

▶▶▶ 解 説

(1) 表 9.4 において，MnO_4^- は左下に，Cl^- は右上にあるので反応が起こる．

$$Cl_2 + 2e^- \rightleftarrows \boxed{2Cl^-} \qquad \cdots① \qquad +1.358\ V$$

反応する

$$\boxed{MnO_4^-} + 8H^+ + 5e^- \rightleftarrows Mn^{2+} + 4H_2O \quad \cdots② \qquad +1.51\ V$$

②式(右向き)×2 ＋ ①式(左向き)×5 より，解答のイオン反応式が得られる．

(2) 表 9.4 において，Br^- は右下に，I_2 は左上にあるので反応は起こらない．

$$\boxed{I_2} + 2e^- \rightleftarrows 2I^- \qquad\qquad +0.536\ V$$

反応しない

$$Br_2 + 2e^- \rightleftarrows \boxed{2Br^-} \qquad\qquad +1.09\ V$$

(3) 表 9.4 において，酸化剤としての H_2O_2 は左下に，還元剤としての Fe^{2+} は右上にあるので反応が起こる．一方，酸化剤としての Fe^{2+} は左上に，還元剤としての H_2O_2 は右下にあるので反応が起こらない．

$$Fe^{3+} + e^- \rightleftarrows \boxed{Fe^{2+}} \qquad\qquad \cdots③ \qquad +0.771\ V$$

反応する

$$\boxed{H_2O_2} + 2H^+ + 2e^- \rightleftarrows 2H_2O \qquad \cdots④ \qquad +1.78\ V$$

$$\boxed{Fe^{2+}} + 2e^- \rightleftarrows Fe \qquad\qquad -0.44\ V$$

反応しない

$$O_2 + 2H^+ + 2e^- \rightleftarrows \boxed{H_2O_2} \qquad\qquad +0.695\ V$$

④式(右向き) ＋ ③式(左向き) ×2 より，解答のイオン反応式が得られる．

1 次の(1) ～ (5)の反応において，酸化剤および還元剤としてはたらいている物質の化学式と，酸化数の変化を次の例にならって記せ．なお，酸化還元反応ではない場合は×と記せ．

例) 酸化剤：$K_2Cr_2O_7$，Cr (+6 → +3)

(1) $2H_2S + SO_2 \longrightarrow 3S + 2H_2O$

(2) $Ag + 2HNO_3 \longrightarrow AgNO_3 + H_2O + NO_2$

(3) $2FeCl_3 + SnCl_2 \longrightarrow 2FeCl_2 + SnCl_4$

(4) $2K_2CrO_4 + 2HCl \longrightarrow K_2Cr_2O_7 + H_2O + 2KCl$

(5) $2KMnO_4 + 3H_2SO_4 + 5H_2O_2 \longrightarrow 2MnSO_4 + K_2SO_4 + 8H_2O + 5O_2$

2 次の(1) ～ (5)で起こる反応の化学反応式を記せ．

(1) 硫酸酸性のヨウ化カリウム水溶液に過酸化水素水を加えると，ヨウ素が生じる．

(2) 希硝酸に銅を加えると，一酸化窒素が発生する．

(3) 硫酸酸性の二クロム酸カリウム水溶液にシュウ酸水溶液を加える．

(4) 水にフッ素を通じると，酸素が発生する．

(5) 過酸化水素水に二酸化硫黄を加える．

3 オキシドール（市販の過酸化水素水）に含まれる過酸化水素の濃度を求めるために，次の〈操作1〉，〈操作2〉を行った．これについて，下の(1) ～ (3)に答えよ．ただし，原子量は H = 1.0，O = 16.0 とする．

〈操作1〉 0.0500 mol/L のシュウ酸水溶液 10.0 mL をコニカルビーカーにはかりとり，さらに 6 mol/L の希硫酸 10 mL を加えた．この溶液に，濃度のわからない過マンガン酸カリウム水溶液をビュレットから少しずつ滴下したところ，シュウ酸をすべて消費するまでに 10.00 mL を要した．

〈操作2〉 オキシドールに水を加えて 10.0 倍に希釈した水溶液 10.0 mL をコニカルビーカーにはかりとり，6 mol/L の希硫酸 10 mL を加えた後，操作1と同じ過マンガン酸カリウム水溶液をビュレットから少しずつ滴下したところ，過酸化水素をすべて消費するまでに 17.30 mL を要した．

(1) 操作1で起こる反応の化学反応式を記せ．

(2) 用いた過マンガン酸カリウム水溶液のモル濃度は何 mol/L か．

(3) オキシドール中の過酸化水素の質量パーセント濃度は何%か．ただし，オキシドールの密度は 1.01 g/cm³ とする．

4 チオ硫酸イオン $S_2O_3^{2-}$ は，次のように還元剤としてはたらく．

$2S_2O_3^{2-} \longrightarrow S_4O_6^{2-} + 2e^-$

　ある量の塩素をヨウ化カリウム水溶液に通じたところ，ヨウ素が生じて溶液は褐色に変化した．この溶液に少量のデンプン水溶液を加えた後，0.100 mol/L のチオ硫酸ナトリウム水溶液を滴下していったところ，20.00 mL 加えたところで青紫色が消えた．ヨウ化カリウム水溶液に通じた塩素は 0 ℃，1.013×10^5 Pa で何 mL か．ただし，0 ℃，1.013×10^5 Pa における気体のモル体積は 22.4 L/mol とする．

5 次の (1) ～ (4) で起こる反応のイオン反応式を記せ．ただし，反応が起こらない場合は×と記すこと．
　(1) 亜鉛板を塩化スズ(II)水溶液に浸す．
　(2) 銀板を硫酸銅(II)水溶液に浸す．
　(3) 亜鉛板を硝酸銀水溶液に浸す．
　(4) 亜鉛板を希塩酸に浸す．
　(5) 銅板を希硫酸に浸す．

6 0.200 mol/L の硝酸銀水溶液 500 mL が入ったビーカーに 5.000 g の銅板を一定時間挿入した後，銅板を引き上げて乾燥してからその質量を測定したところ，5.304 g であった．このとき水溶液中の銀イオンのモル濃度は何 mol/L になるか．ただし，原子量は Cu = 64，Ag = 108 とし，水溶液の体積変化は無視できるものとする．

第10章

気　体

● **この章で学ぶこと**──────────
可燃ガスの燃焼反応や，窒素と窒素からアンモニアが生じる反応など，多くの化学反応において気体が関与する．したがって，化学反応のしくみを考えるうえで，気体のふるまいを理解していることは重要である．この章では，圧力や体積といった気体の性質の表し方を学ぶとともに，気体の法則を用いた計算を習得する．また，気体の法則が厳密には成り立たない実在気体についても学ぶ．

❖ **この章の目標** ❖
- □ 圧力の単位を自在に変換できる
- □ ボイルの法則，シャルルの法則，ボイル・シャルルの法則を用いた計算ができる
- □ 理想気体の状態方程式を用いた計算ができる
- □ 混合気体に関する計算ができる
- □ 理想気体と実在気体の違いを理解し，実在気体が理想気体に近づく条件を知る
- □ ファンデルワールスの状態方程式を用いた計算ができる

10.1　圧　力

10.1.1　力 NEW

　物体に加速度を与え，速度を変化させる作用を**力**（force）という．質量 m の物体に加速度 a を生じさせる力を F とすると，次の関係が成り立つ．この関係は，**ニュートンの運動方程式**（Newtonian Equation of motion）と呼ばれる．

$$F = ma$$

　力の単位には N（ニュートン）を用いる．1 N は，1 kg の質量をもつ物体に 1 m/s^2 の加速度を生じさせる力である．

$$1\,N = 1\,kg \times 1\,m/s^2 = 1\,kg \cdot m/s^2$$

10.1.2　圧力

　単位面積あたりにかかる力を**圧力**（pressure）という．圧力 p は，力 F をそれが加わる面積 S で割ることで求まる．

$$p = \frac{F}{S}$$

圧力の単位には通常，Pa（パスカル）を用いる．1 Pa は，1 m^2 あたりに 1 N の力がかかったときに生じる圧力と定義される．

$$1\,\text{Pa} = 1\,\text{N/m}^2$$

例題 10.1

体重 50 kg の人間が，底面積 0.10 cm^2 のアイススケートの靴を履いて立っている場合，この人間が重力によってスケートリンク表面に及ぼす圧力は何 Pa か．ただし，重力加速度は 9.8 m/s^2 とする．また，人間にかかる重力は，体重 × 重力加速度で求められる．

解答　4.9×10^7 Pa

▶▶ **解説** ···

体重 50 kg の人間にかかる重力は，

$$50\,\text{kg} \times 9.8\,\text{m/s}^2 = 490\,\text{kg·m/s}^2 = 490\,\text{N}$$

$$1\,\text{cm}^2 = 1 \times (10^{-2}\,\text{m})^2 = 1 \times 10^{-4}\,\text{m}^2 \ \text{より，}$$

$$\frac{490\,\text{N}}{0.10 \times 10^{-4}\,\text{m}^2} = 4.9 \times 10^7\,\text{N/m}^2 = 4.9 \times 10^7\,\text{Pa}$$

10.1.3　液体の圧力 NEW

密度 ρ（読み：ロー），断面積 S，高さ h の液体が底面におよぼす圧力を考える（図 10.1）．

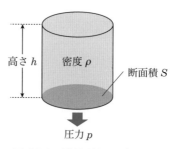

高さ h　密度 ρ　断面積 S

圧力 p

図 10.1　液体がおよぼす圧力

密度 ρ と体積 Sh の積が質量なので，この液体にかかる重力 F は，重力加速度を g とすると次式で表される．

$$F = \rho S h g$$

よって，この液体が底面におよぼす圧力 p は

$$p = \frac{F}{S} = \frac{\rho Shg}{S} = \rho hg$$

よって，液体がおよぼす圧力は，密度 ρ と高さ h に比例し，断面積 S によらないことがわかる．

例題 10.2

水深 10 m の地点にある物体が受ける水圧は何 Pa か．ただし，水の密度は 1.0 g/cm^3，重力加速度は 9.8 m/s^2 とする．

解答　9.8×10^4 Pa

▶▶ 解 説 ⋯⋯⋯⋯⋯⋯⋯⋯⋯⋯⋯⋯⋯⋯⋯⋯⋯⋯⋯⋯⋯⋯⋯⋯⋯⋯

1.0 g/cm^3 = 1.0×10^3 kg/m^3 より，　$\left(\dfrac{g}{cm^3} = \dfrac{10^{-3} \, kg}{10^{-6} \, m^3} = 10^3 \dfrac{kg}{m^3} \right)$

$$p = \rho hg = 1.0 \times 10^3 \, kg/m^3 \times 10 \, m \times 9.8 \, m/s^2$$
$$= 9.8 \times 10^4 \, kg/(m \cdot s^2) = 9.8 \times 10^4 \, Pa$$

10.1.4　圧力の単位 atm と mmHg

気体の圧力は，身の回りの空気の圧力，すなわち**大気圧**（atmospheric pressure）を基準に考えることが多い．大気圧は標高や天候によって変動するため，基準となる標準大気圧は厳密に 1.01325×10^5 Pa と定められており，これを 1 atm と表記する．

$$\boxed{1.01325 \times 10^5 \, Pa = 1 \, atm}$$

片端を閉じた長いガラス管に水銀を満たし，水銀の入った容器内で倒立させると，上部に真空[*1] の空間ができる．1.013×10^5 Pa の大気圧のもとで実験を行った場合，ガラス管内外の水銀面の高さの差はおよそ 760 mm で一定となる（**図 10.2**）．これは，外側の水銀面にかかる圧力 1.013×10^5 Pa と，760 mm の高さの水銀柱が示す圧力がつり合うためである．そこで，760 mm の水銀柱が示す圧力を「760 mmHg」と表記する．これは 1.013×10^5 Pa，すなわち 1 atm と一致する．

*1　厳密には水銀の蒸気で満たされているが，常温における水銀の蒸気圧は非常に小さい（20 ℃ で 0.16 Pa）ので無視できる．

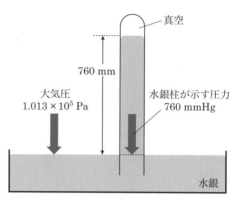

真空

760 mm

大気圧
1.013×10^5 Pa

水銀柱が示す圧力
760 mmHg

水銀

図 10.2　水銀柱が示す圧力

標準大気圧に相当する水銀柱の正確な高さを計算によって求めてみる．0 ℃における水銀の密度は 13.6 g/cm³（＝ 1.36×10^4 kg/m³），標準重力加速度[*2]は 9.80665 m/s² である．1 atm つまり 1.01325×10^5 Pa（＝ 1.013×10^5 kg/m・s²）の圧力に相当する水銀柱の高さを h とすると，$p = \rho h g$ より

$$1.01325 \times 10^5 \text{ kg/m·s}^2 = 1.36 \times 10^4 \text{ kg/m}^3 \times h \times 9.80665 \text{ m/s}^2$$

$$h = 0.760 \text{ m} = 760 \text{ mm}$$

よって，実験結果とよく一致する値が得られた．ただし，水銀の密度は温度によって変動し，重力加速度は測定する場所によって異なるため，同じ圧力であっても水銀柱の高さは微妙に変動してしまう．そこで，日本の計量法では 1 atm つまり 1.01325×10^5 Pa を厳密に 760 mmHg と定義している．

*2　重力加速度は測定する場所によって異なるため，1901 年の国際度量衡総会で標準重力加速度が 9.80665 m/s² と定義された．

$$\boxed{1.01325 \times 10^5 \text{ Pa} = 760 \text{ mmHg}}$$

例題 10.3

富士山の山頂の平均気圧は 638 hPa である．この圧力を，atm および mmHg の単位で表せ．

解答　0.630 atm，479 mmHg

▶▶ 解説 ⋯⋯⋯⋯⋯⋯⋯⋯⋯⋯⋯⋯⋯⋯⋯⋯⋯⋯⋯⋯⋯⋯⋯⋯⋯⋯⋯⋯⋯⋯⋯

1.013×10^5 Pa ＝ 1013 hPa ＝ 1 atm ＝ 760 mmHg より

$$638 \text{ hPa} \times \frac{1 \text{ atm}}{1013 \text{ hPa}} = 0.6298 \text{ atm} \fallingdotseq 0.630 \text{ atm}$$

$$638 \text{ hPa} \times \frac{760 \text{ mmHg}}{1013 \text{ hPa}} = 478.6 \text{ mmHg} \fallingdotseq 479 \text{ mmHg}$$

10.2 気体の法則

10.2.1 気体とは

　分子が熱運動によって空間中を自由に動き回っている状態を**気体**（gas）という．気体の分子は空間に均一に広がる．気体の性質は，気体分子が壁に衝突することで生じる**圧力** p，気体分子の数を表す**物質量** n（amount of substance），気体分子が動き回る空間の大きさである**体積** V（volume），気体分子の熱運動の激しさを表す**絶対温度** T（absolute temperature）の四つの物理量で特徴づけられる（**図 10.3**）．

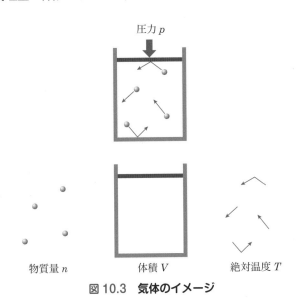

圧力 p

物質量 n　　　　体積 V　　　　絶対温度 T

図 10.3　気体のイメージ

圧力

　気体の圧力は，気体分子が壁に衝突したときに生じる力を単位面積あたりに換算したものである．ピストン付きの容器では，容器内の気体の圧力とピストンにかかる圧力が等しければピストンは移動しない．よって，容器内の圧力をピストンにかかる圧力で表現することが多い．

物質量

　物質量は，気体分子の数的な量を表している．気体の体積は，温度や圧力に依存して変化してしまう．よって，気体の量は，圧力や温度に依存しない物質量で表現すると都合がよい．

体積

　気体の中で，実際に分子自身が占める空間は全体の中でほんのわずかで

ある．そこで，気体では，気体分子が動き回る空間の範囲を気体の体積とする．つまり，気体を封入した容器の容積が気体の体積となる．

絶対温度

　粒子がもつエネルギーは，絶対温度に比例する．しかし，気体はすべての分子が同じエネルギーをもって運動しているわけではなく，その速さにばらつきがある．図 10.4 は，ある速さをもつヘリウム分子の割合が，温度によってどう変化するかを表したものである．これを**マクスウェル・ボルツマン分布**（Maxwell–Boltzmann distribution）という．温度が高いほど速い分子の割合が増加するが，遅い分子がなくなるわけではないことがわかる．

マクスウェル
（James Clerk Maxwell,
1831-1879）
スコットランド生まれのイギリスの物理学者．多くの分野で業績を挙げた中で，最も大きなものはファラデーの電場理論を発展させた近代電磁気学の完成である．「マクスウエルの悪魔」という思考実験でも有名．

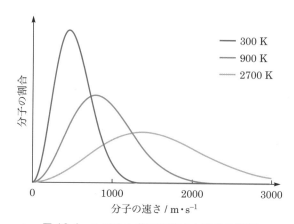

図 10.4　ヘリウム分子の速さと割合の関係

10.2.2　ボイルの法則

　温度が一定のとき，一定量の気体の体積は圧力に反比例する．この関係は，1662 年にイギリスのボイルによって発見されたため，**ボイルの法則**（Boyle's law）と呼ばれる．ボイルの法則は，体積が小さくなるほど単位体積あたりに含まれる分子数が多くなり，壁への衝突回数が増加することからも想像できる．

　ボイルの法則は，圧力を p，体積を V とすると次のように表される．

$$V = \frac{k}{p} \quad \text{または} \quad pV = k \quad (k \text{ は定数})$$

ボイル
（Robert Boyle, 1627-1691）
アイルランド出身の化学者・物理学者で，少年時代にガリレオ・ガリレイの教えを受けた．17 世紀の科学革命を牽引した科学者の一人．錬金術にも大きな関心をもっていた．

よって，温度一定のもとで，一定量の気体の圧力 p_1，体積 V_1 が圧力 p_2，体積 V_2 に変化した場合，次の式が成り立つ．

$$\boxed{p_1 V_1 = p_2 V_2}$$

圧力 p と体積 V の関係をグラフで表すと図 10.5 のようになる.

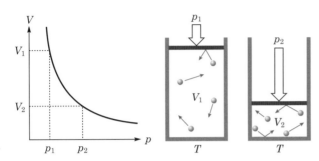

図 10.5　物質量，温度一定のときの，圧力と体積の関係

例題 10.4

(1) ある量の窒素をピストン付きの容器に封入して容積を 5.0 L に保ったところ，容器内の圧力は 1.0×10^5 Pa になった．温度を一定に保ったままこの気体を圧縮して 2.0 L としたとき，容器内の圧力は何 Pa になるか.

(2) ある量の窒素をピストン付きの容器に封入して圧力を 120 mmHg に保ったところ，容器の容積は 75.0 mL になった．温度を一定に保ったままこの気体を圧縮して圧力を 300 mmHg としたとき，容器の容積は何 mL になるか.

解答　(1) 2.5×10^5 Pa　　　(2) 30.0 mL

▶▶ 解 説 ‥‥‥‥‥‥‥‥‥‥‥‥‥‥‥‥‥‥‥‥‥‥‥‥‥

(1) 圧縮後の圧力を p とすると，ボイルの法則より

$$1.0 \times 10^5 \,\text{Pa} \times 5.0 \,\text{L} = p \times 2.0 \,\text{L} \qquad p = 1.0 \times 10^5 \,\text{Pa} \times \frac{5.0 \,\text{L}}{2.0 \,\text{L}}$$

$$= 2.5 \times 10^5 \,\text{Pa}$$

(2) 圧縮後の容器の容積を V とすると，ボイルの法則より

$$120 \,\text{mmHg} \times 75.0 \,\text{mL} = 300 \,\text{mmHg} \times V$$

$$V = 75.0 \,\text{mL} \times \frac{120 \,\text{mmHg}}{300 \,\text{mmHg}} = 30.0 \,\text{mL}$$

10.2.3　シャルルの法則

　圧力が一定のとき，一定量の気体の体積は，温度上昇とともに直線的に増加する．具体的には，温度が 1 ℃上昇するごとに 0 ℃のときの体積の

シャルル
(Jacques Alexandre César
Charles, 1746-1823)
フランスの物理学者，数学者．水
素気球を発明し，実際に自分も乗
り込み，飛行した．教科書ではボ
イルの法則と並べて説明される
が，ボイルとシャルルの間には1
世紀以上の時代の差がある．

1/273 ずつ増加する．この関係は，1787 年にフランスのシャルルによっ
て発見されたため，**シャルルの法則**（Charles's law）と呼ばれる．シャル
ルの法則は，本人ではなく，フランスのゲイリュサックによって発表され
た．

　シャルルの法則をもとに，縦軸に体積 V，横軸にセルシウス温度 t をとっ
て，気体の体積とセルシウス温度の関係をグラフで表すと**図10.6** のよう
になる．シャルルの法則がすべての温度領域で成り立つとすると，温度が
$-273\,℃$ に達したところで気体の体積が 0 になる．気体の体積が 0 という
ことは，分子の熱運動がほぼ停止している，つまり完全にエネルギーを失っ
ているといえる．このときの温度を絶対零度 0 K とする．つまり，シャ
ルルの法則は，「圧力が一定のとき，一定量の気体の体積は絶対温度に比
例する」と言い換えることができる．

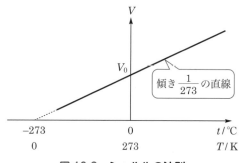

図10.6　シャルルの法則

　シャルルの法則は，体積を V，絶対温度を T とすると，次のように表
される．

$$V = k'T \quad または \quad \frac{V}{T} = k' \quad (k' \text{ は定数})$$

　よって，圧力一定のもとで，一定量の気体の体積 V_1，絶対温度 T_1 が体
積 V_2，絶対温度 T_2 に変化した場合，次の式が成り立つ．

$$\frac{V_1}{T_1} = \frac{V_2}{T_2}$$

　絶対温度 T と体積 V の関係をグラフで表すと**図10.7** のようになる．

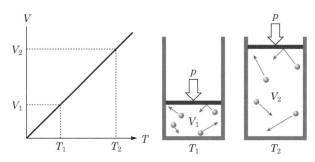

図 10.7　物質量，圧力が一定のときの，絶対温度と体積の関係

例題 10.5

(1) 27 ℃，2.0×10^5 Pa で 1.2 L のヘリウムについて，圧力を 2.0×10^5 Pa に保ちながら温度を 127 ℃に上昇させると，体積は何 L になるか．

(2) 300 K，1.0×10^5 Pa で 1.50 m^3 の二酸化炭素について，圧力一定の条件で体積を 1.80 m^3 にするためには，温度を何 K にすればよいか．

解答　(1) 1.6 L　　　(2) 360 K

▶▶ 解 説 ⋯⋯⋯⋯⋯⋯⋯⋯⋯⋯⋯⋯⋯⋯⋯⋯⋯⋯⋯⋯⋯⋯⋯⋯⋯⋯⋯⋯⋯⋯

(1) 求める体積を V とすると，シャルルの法則より

$$\frac{1.2\ \text{L}}{(27+273)\,\text{K}} = \frac{V}{(127+273)\,\text{K}} \qquad V = 1.2\ \text{L} \times \frac{400\ \text{K}}{300\ \text{K}} = 1.6\ \text{L}$$

(2) 求める温度を T とすると，シャルルの法則より

$$\frac{1.50\ \text{m}^3}{300\ \text{K}} = \frac{1.80\ \text{m}^3}{T} \qquad T = 300\ \text{K} \times \frac{1.80\ \text{m}^3}{1.50\ \text{m}^3} = 360\ \text{K}$$

10.2.4　ボイル・シャルルの法則

　ボイルの法則とシャルルの法則を組み合わせると，一定量の気体の体積は，絶対温度に比例し，圧力に反比例することがわかる．この関係は**ボイル・シャルルの法則**（Boyle-Charles's law）と呼ばれる．圧力を p，体積を V，絶対温度を T とすると，ボイル・シャルルの法則は次のように表される．

$$\boxed{pV = k''T \quad \text{または} \quad \frac{pV}{T} = k''\ (k''\ \text{は定数})}$$

　よって，一定量の気体の圧力 p_1，体積 V_1，絶対温度 T_1 が，圧力 p_2，体積 V_2，絶対温度 T_2 に変化した場合，次の式が成り立つ．

$$\frac{p_1 V_1}{T_1} = \frac{p_2 V_2}{T_2}$$

例題 10.6

27 ℃，1.0×10^5 Pa で 2.0 L のヘリウムについて，圧力を 2.0×10^5 Pa，温度を 87 ℃にすると，体積は何 L になるか．

解答　1.2 L

▶▶ **解説** ....

求める体積を V とすると，ボイル・シャルルの法則より

$$\frac{1.0 \times 10^5 \text{ Pa} \times 2.0 \text{ L}}{(27+273) \text{K}} = \frac{2.0 \times 10^5 \text{ Pa} \times V}{(87+273) \text{K}}$$

$$V = 2.0 \text{ L} \times \frac{1.0 \times 10^5 \text{ Pa}}{2.0 \times 10^5 \text{ Pa}} \times \frac{360 \text{ K}}{300 \text{ K}} = 1.2 \text{ L}$$

10.2.5　理想気体の状態方程式

　ボイル・シャルルの法則において，1 mol の気体を用いたときの定数 k'' を求めてみる．$p = 1.013 \times 10^5$ Pa，$T = 273$ K における気体のモル体積 V_m を 22.4 L/mol とすると，

理想気体とは…
分子間力がはたらかず，分子自身の体積が存在しないと仮定した気体を理想気体という．詳細は 10.3.1 項で述べる．

$$k'' = \frac{p V_m}{T} \qquad \cdots ①$$

$$= \frac{1.013 \times 10^5 \text{ Pa} \times 22.4 \text{ L/mol}}{273 \text{ K}}$$

$$= 8.31 \times 10^3 \text{ Pa·L/(K·mol)} = 8.31 \text{ J/(K·mol)}$$

　この k'' の値は**気体定数**（gas constant）と呼ばれ，R で表す．
　また，温度，圧力が一定のとき，気体の体積 V は物質量 n に比例する．すなわち，気体のモル体積を V_m とすると，$V = V_m \times n$ となる．したがって，次式が成り立つ．

$$V_m = \frac{V}{n} \qquad \cdots ②$$

　①式において k'' を R とし，ここに②式を代入して整理すると，**理想気体の状態方程式**（ideal gas law）と呼ばれる次式が得られる．

$$pV = nRT$$

　ここでは，「ボイルの法則」「シャルルの法則」「0 ℃，1.013×10^5 Pa に

おける気体のモル体積」といった実験事実をもとにして理想気体の状態方程式を導いた．一方，**気体分子運動論**（kinetic theory of gases）をもとにして，理想気体の状態方程式を理論的に導くことも可能である．その際に用いられるボルツマン定数（1個の単原子分子の温度が 1 K 上昇したときに増加するエネルギーの大きさ）にアボガドロ定数をかけると，気体定数を求めることができる．2019 年 5 月，SI 単位の定義改訂によってボルツマン定数 k とアボガドロ定数 N_A が定義値となったため，気体定数 R も定義値として求めることができる．

$$R = k \times N_A$$
$$= 1.380\,649 \times 10^{-23} \text{ J/K} \times 6.02\,214\,076 \times 10^{23} \text{ /mol}$$
$$= 8.314\,462\,618\,153\,24 \text{ J/(K·mol)}$$

この R は，実験的に測定された 0 ℃，1.013×10^5 Pa における一般的な気体のモル体積 22.4 L/mol を用いて求めた R とよく一致する．つまり，0 ℃，1.013×10^5 Pa に近い条件であれば，気体を理想気体として扱ってもよいことがわかる．

ボルツマン
（Ludwig Eduard Boltzmann,
1844-1906）
オーストリアの物理学者．原子レベルのミクロな系を支配する物理法則をもとに，系のマクロ巨視的な性質を得る統計力学を完成させたことが最大の功績である．その他にも一定数，一分布など，彼の名を冠した科学用語がいくつもある．原子論の支持者であり，反原子論者との論争に疲れて自殺した．

例題 10.7

47 ℃において，容積 200 mL の耐圧容器に 0.80 g の酸素を封入した場合，容器内の圧力は何 Pa となるか．なお，原子量は O ＝ 16 とする．

解答　3.3×10^5 Pa

▶▶ 解説 ⋯⋯⋯⋯⋯⋯⋯⋯⋯⋯⋯⋯⋯⋯⋯⋯⋯⋯⋯⋯⋯⋯⋯⋯⋯⋯⋯⋯

酸素 O_2（分子量 32）の物質量は

$$n = \frac{0.80 \text{ g/mol}}{32.0 \text{ g/mol}} = 0.025 \text{ mol}$$

求める圧力を p とすると，理想気体の状態方程式より

$$p = \frac{nRT}{V} = \frac{0.025 \text{ mol} \times 8.3 \times 10^3 \text{ Pa·L/(K·mol)} \times (47 + 273) \text{ K}}{0.200 \text{ L}}$$
$$= 3.32 \times 10^5 \text{ Pa}$$

10.2.6　混合気体

物質量 n_A の気体 A と物質量 n_B の気体 B を容積 V の密閉容器に封入し，絶対温度を T に保った場合を考える（**表 10.1**）．このような混合気体が示す圧力を**全圧**（total pressure）といい，ここでは p で表す．また，物質量 n_A の気体 A と物質量 n_B の気体 B をそれぞれ単独で容積 V の密閉容器に封入し，絶対温度 T に保った場合を考える．このように，それぞれの成

表10.1　混合気体

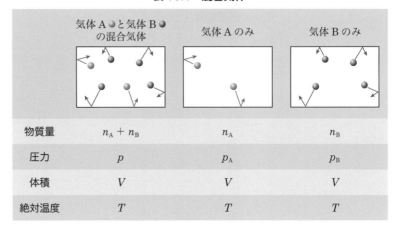

	気体Aと気体Bの混合気体	気体Aのみ	気体Bのみ
物質量	$n_A + n_B$	n_A	n_B
圧力	p	p_A	p_B
体積	V	V	V
絶対温度	T	T	T

ドルトン
(John Dalton, 1766–1844)
イギリスの化学者．57年間続けた気象観測が彼の原子論の出発点となった．数値はともかく，原子量の概念の提唱者でもある．自らの先天性色覚異常も研究の対象とした．色覚異常の英語 daltonism も彼に由来する．

分気体が単独で同じ容積の容器を占めていると仮定したときに示す圧力を**分圧**（partial pressure）という．ここでは，気体Aの分圧をp_A，気体Bの分圧をp_Bとする．

気体A，Bそれぞれについて，理想気体の状態方程式を立てると次のようになる．

$$混合気体：pV = (n_A + n_B)RT \quad よって，\quad p = \frac{n_A RT}{V} + \frac{n_B RT}{V} \quad \cdots ①$$

$$気体A：p_A V = n_A RT \qquad よって，\quad p_A = \frac{n_A RT}{V} \qquad \cdots ②$$

$$気体B：p_B V = n_B RT \qquad よって，\quad p_B = \frac{n_B RT}{V} \qquad \cdots ③$$

右辺に注目すると，①式＝②式＋③式の関係が成り立つので，次式が得られる．

$$p = p_A + p_B$$

つまり，混合気体の全圧は，それぞれの成分気体の分圧の和に等しいことがわかる．これを，**ドルトンの分圧の法則**（Dalton's law of partial pressure）という．ドルトンの分圧の法則は，混合気体中で各成分気体が独立にふるまうことを表している．

また，②式／①式より，

$$p_A = p \times \frac{n_A}{n_A + n_B}$$

ここで，$\dfrac{n_A}{n_A + n_B}$ は混合気体の全物質量に対する気体Aの物質量の割合を

表し，**モル分率**（mole fraction）と呼れる．つまり，混合気体中の気体 A の分圧 p_A は，全圧 p と気体 A のモル分率 x_A の積で表される．

$$p_A = p \times x_A$$

例題 10.8

水素 0.020 mol，ヘリウム 0.060 mol をピストン付きの密閉容器に入れて，圧力を 1.0×10^5 Pa，温度を 27 ℃ に保った．これについて，次の(1)～(3)に答えよ．

(1) 水素の分圧は何 Pa か．

(2) ヘリウムの分圧は何 Pa か．

(3) 容器の容積は何 L になるか．

解答　(1) 2.5×10^4 Pa　　　(2) 7.5×10^4 Pa　　　(3) 2.0 L

▶▶ 解説 ⋯⋯⋯⋯⋯⋯⋯⋯⋯⋯⋯⋯⋯⋯⋯⋯⋯⋯⋯⋯⋯⋯⋯⋯⋯⋯⋯⋯⋯⋯⋯⋯⋯⋯

(1) $p_{H_2} = 1.0 \times 10^5 \text{ Pa} \times \dfrac{0.020 \text{ mol}}{0.020 \text{ mol} + 0.060 \text{ mol}} = 2.5 \times 10^4 \text{ Pa}$

(2) $p_{He} = 1.0 \times 10^5 \text{ Pa} \times \dfrac{0.060 \text{ mol}}{0.020 \text{ mol} + 0.060 \text{ mol}} = 7.5 \times 10^4 \text{ Pa}$

(3) 求める容積を V とすると，水素 H_2 に対する理想気体の状態方程式より，

$$V = \frac{n_{H_2}RT}{p_{H_2}}$$

$$= \frac{0.020 \text{ mol} \times 8.31 \times 10^3 \text{ Pa·L/(K·mol)} \times (27+273) \text{K}}{2.5 \times 10^4 \text{ Pa}}$$

$$= 1.99 \text{ L}$$

なお，ヘリウム He または気体全体に注目して理想気体の状態方程式を用いてもよい．

10.3　理想気体と実在気体

10.3.1　理想気体と実在気体の違い

　分子間力がはたらかず，分子自身の体積が存在しないと仮定した**理想気体**（ideal gas）では，理想気体の状態方程式 $pV = nRT$ は，すべての温度，圧力の領域で成り立つ．一方，**実在気体**（real gas）では，特に低温，高圧領域では $pV = nRT$ が成り立たなくなる．これは，**実在気体には分子間力がはたらき，分子自身の体積が存在するため**である（表 10.2）．

表10.2　理想気体と実在気体の違い

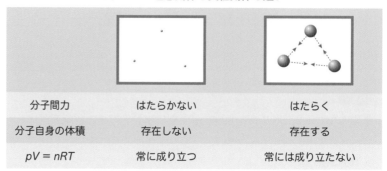

分子間力	はたらかない	はたらく
分子自身の体積	存在しない	存在する
$pV = nRT$	常に成り立つ	常には成り立たない

分子間力や分子自身の体積が，どのような影響をおよぼすか考えてみる.

分子間力の影響

　分子間力（引力）がはたらくと，それぞれの気体分子が壁に及ぼす衝撃は弱くなり，圧力は小さくなる（図10.8）．したがって，圧力を一定にすると，体積が小さくなる．つまり，**実在気体の体積は，分子間力の影響が大きいほど，同温・同圧の理想気体に比べて小さくなる**.

　なお，高温にするほど分子の熱運動が激しくなるので，分子間力の影響は無視できるようになる.

理想気体　　　　　　　　実在気体

図10.8　**分子間力の有無による気体の体積の違い**

分子自身の体積の影響

　分子自身の体積が存在すると，気体分子が動き回ることができる空間が狭くなり，圧力は大きくなる（図10.9）．したがって，圧力を一定にすると，体積が大きくなる．つまり，**実在気体の体積は，分子自身の体積の影響が大きいほど，同温・同圧の理想気体に比べて大きくなる**.

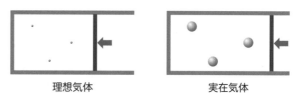

理想気体　　　　　　　　実在気体

図10.9　**分子自身の体積の有無による気体の体積の違い**

なお，低圧にするほど分子が動き回る空間が大きくなるので，分子自身の体積の影響は無視できるようになる．

10.3.2　圧縮率因子

実在気体の理想気体からのずれを表す指標として**圧縮率因子**（compressibility factor）Z を次のように定義する．

$$Z = \frac{pV_{\mathrm{m}}}{RT}$$

Z の式を V_{m} について解くと

$$V_{\mathrm{m}} = \frac{RT}{p} \times Z$$

理想気体では $pV_{\mathrm{m}} = RT$ が厳密に成り立つので $Z = 1$ である．つまり，$\frac{RT}{p}$ は絶対温度 T，圧力 p における理想気体のモル体積を表す．すなわち Z は，**実在気体のモル体積が，同じ温度および圧力における理想気体のモル体積に比べて何倍であるかを表している**．

いくつかの実在気体について，Z の実測値を圧力 p に対してプロットすると，図 10.10 のようになる．理想気体の場合，$pV_{\mathrm{m}} = RT$ が厳密に成り立つので常に $Z = 1$ となる．一方，実在気体の場合，低圧領域では分子自身の体積の影響が小さいので，分子量が比較的大きい気体では分子間力の影響によりモル体積は小さくなり，$Z < 1$ となる．また，高圧領域

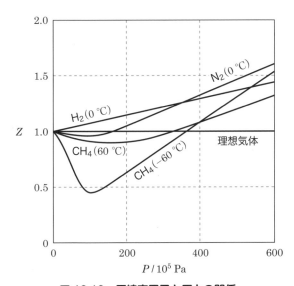

図 10.10　圧縮率因子と圧力の関係

では，いずれの気体も分子自身の体積の影響が強く表れることで気体のモル体積は大きくなり，$Z > 1$ となる．

10.3.3 ファンデルワールスの状態方程式 NEW

理想気体の状態方程式に対し，実在気体に存在する分子間力と分子自身の体積に関する補正を加えると，実在気体でも広く成り立つ状態方程式を導くことが可能である．

まず，絶対温度 T における物質量 n の理想気体について，その圧力を p_i，体積を V_i とすると，気体定数を R として次の理想気体の状態方程式が成り立つ．

$$p_i V_i = nRT \qquad \cdots ①$$

実在気体には分子間力が存在するため，実在気体の圧力 p は，同温，同体積，同物質量の理想気体に比べて小さくなる．このときの圧力の減少分は，気体のモル濃度 $\dfrac{n}{V}$ の 2 乗に比例することがわかっているので，その比例定数を a $(a > 0)$ とすると次式が成り立つ．

$$p = p_i - a\left(\frac{n}{V}\right)^2 \qquad \cdots ②$$

また，実在気体には分子自身の体積が存在するため，実在気体の体積 V は，同温，同圧，同物質量の理想気体に比べて大きくなる．このときの体積の増加分は，気体の物質量に比例するので，その比例定数を b $(b > 0)$ とすると次式が成り立つ．

$$V = V_i + bn \qquad \cdots ③$$

②式，③式を整理して①式に代入すると，次式が得られる．

$$\left\{ p + a\left(\frac{n}{V}\right)^2 \right\}(V - bn) = nRT \qquad \cdots ④$$

また，モル体積 $\dfrac{V}{n}$ を V_m とすると，④式は次の⑤式のように書き換えられる．

$$\left(p + \frac{a}{V_m{}^2} \right)(V_m - b) = RT \qquad \cdots ⑤$$

これは，1873 年にファンデルワールスが考案したため，**ファンデルワールスの状態方程式**（van der Waals equation of state）と呼ばれる．また，a, b は**ファンデルワールス定数**（van der Waals constant）という．**表 10.3**

に，さまざまな気体のファンデルワールス定数を示す．

表10.3　ファンデルワールス定数

気体	$a/10^3\ \mathrm{Pa \cdot L^2 \cdot mol^{-2}}$	$b/10^{-2}\ \mathrm{L \cdot mol^{-1}}$
He	3.45	2.37
H_2	24.7	2.66
N_2	141	3.91
O_2	138	3.19
CO_2	364	4.27
H_2O	553	3.05
NH_3	425	3.73

例題 10.9

ピストン付きの密閉容器に 0.0500 mol の窒素を封入し，容積を 10.0 mL，温度 300 K とした．これについて，(1)，(2) の条件で容器内の圧力を計算すると，それぞれ何Paになるか．ただし，ファンデルワールス定数は**表10.3**の値を用いること．
(1) 理想気体の状態方程式を用いた場合．
(2) ファンデルワールスの状態方程式を用いた場合．

解答　(1) $1.25 \times 10^7\ \mathrm{Pa}$　　(2) $1.20 \times 10^7\ \mathrm{Pa}$

▶▶ **解説** ······

モル体積は，$\dfrac{10.0 \times 10^{-3}\ \mathrm{L}}{0.0500\ \mathrm{mol}} = 0.200\ \mathrm{L/mol}$

(1) $p = \dfrac{RT}{V_\mathrm{m}} = \dfrac{8.31 \times 10^3\ \mathrm{Pa \cdot L/(K \cdot mol)} \times 300\ \mathrm{K}}{0.200\ \mathrm{L/mol}}$

$= 1.246 \times 10^7\ \mathrm{Pa} \fallingdotseq 1.25 \times 10^7\ \mathrm{Pa}$

(2) $p = \dfrac{RT}{V_\mathrm{m} - b} - \dfrac{a}{V_\mathrm{m}^2}$

$= \dfrac{8.31 \times 10^3\ \mathrm{Pa \cdot L/(K \cdot mol)} \times 300\ \mathrm{K}}{0.200\ \mathrm{L/mol} - 3.91 \times 10^{-2}\ \mathrm{L/mol}} - \dfrac{141 \times 10^3\ \mathrm{Pa \cdot L^2/mol^2}}{(0.200\ \mathrm{L/mol})^2}$

$= 1.549 \times 10^7\ \mathrm{Pa} - 0.3525 \times 10^7\ \mathrm{Pa}$

$= 1.196 \times 10^7\ \mathrm{Pa} \fallingdotseq 1.20 \times 10^7\ \mathrm{Pa}$

なお，(1)，(2) の結果より，今回の条件では窒素の圧力は理想気体に比べて小さく，分子間力の影響が大きいといえる．

章末問題

1 ピストン付きの容器にある気体を封入し，温度を 27 ℃，圧力を 1.01×10^5 Pa に保ったところ，容器の容積は 1.66 L となった．これについて，次の(1)～(5)に答えよ．

(1) 温度を 27 ℃に保ちながら圧力を 2.02×10^5 Pa にすると，容積は何 L になるか．

(2) 圧力を 1.01×10^5 Pa に保ちながら温度を 127 ℃にすると，容積は何 L になるか．

(3) 温度を 227 ℃，容積を 3.32 L にすると，圧力は何 mmHg になるか．

(4) 封入されている気体は何 mol か．

(5) はじめ，気体の密度が 1.3 g/L であった．この気体の分子量はいくらか．

2 図のような，容積 2.0 L の容器に水銀の入った U 字管が連結されている装置がある．容器には窒素が封入されている．はじめコック A，B は閉じられており，細管部分は真空である．装置の温度を 27 ℃に保ちながら，次の操作 1，2 を順に行った．

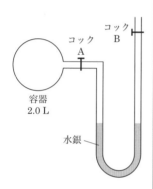

コック B

コック A

容器
2.0 L

水銀

　操作1　コック A を開いて放置したところ，水銀の液面は右側の方が 19 cm 高くなった．

　操作2　コック B を開いて放置した．

　これについて，次の(1)～(3)に答えよ．ただし，大気圧は 1.01×10^5 Pa であり，760 mm の水銀柱が示す圧力と等しいものとする．また，細管部分の容積は容器の容積に比べて小さく無視できるものとする．

(1) 容器内の圧力は何 mmHg か．また，Pa か．

(2) 容器に封入されている窒素の物質量は何 mol か．

(3) 操作 2 終了後，水銀の液面はどちらが何 cm 高くなるか．

3 図に示すように，容積 2.0 L の容器 A と容積 3.0 L の容器 B が，コックのついた細い管で連結されている．最初コックは閉じられており，27 ℃のもとで，容器 A には 6.0×10^4 Pa の圧力で一酸化炭素が，容器 B には 8.0×10^4 Pa の圧力で酸素が封入されている．次の操作 1，2 を順に行った．

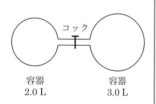

コック

容器
2.0 L

容器
3.0 L

　操作1　コックを開いて 27 ℃でしばらく放置した．

　操作2　混合気体に点火して完全に反応させた後，27 ℃でしばらく放置した．

　これについて，次の(1)～(4)に答えよ．

(1) 操作 1 終了後の容器内の圧力は何 Pa か．

(2) 操作 2 終了後の容器内の圧力は何 Pa か．

(3) 操作 2 終了後の容器内の気体の平均分子量はいくらか.

(4) 操作 2 終了後の容器内の気体の密度は何 g/L か.

4 ピストン付きの密閉容器に 1.00 mol のメタンを封入し，次の操作 1，2 を行った.

操作 1　温度を 27 ℃，容積を 100 mL に保った.

操作 2　温度を 27 ℃，容積を 75.0 mL に保った.

これについて，次の (1) ～ (3) に答えよ. ただし，メタンのファンデルワールス定数は $a = 229 \times 10^3\,\mathrm{Pa \cdot L^2 \cdot mol^{-2}}$，$b = 4.28 \times 10^{-2}\,\mathrm{L \cdot mol^{-1}}$ とする.

(1) 操作 1 終了後の容器内の圧力は何 Pa か. 理想気体の状態方程式を用いた場合とファンデルワールスの状態方程式を用いた場合のそれぞれを計算せよ.

(2) 操作 2 終了後の容器内の圧力は何 Pa か. 理想気体の状態方程式を用いた場合とファンデルワールスの状態方程式を用いた場合のそれぞれを計算せよ.

(3) 分子間力の影響と分子自身の体積の影響のどちらが大きいか. 操作 1 終了後および操作 2 終了後のそれぞれについて記せ.

第11章

化学反応とエネルギー

● この章で学ぶこと

　化学反応や状態変化の前後では，物質がもつ化学エネルギーが変化し，その差に応じて熱の発生や吸収が起こる．たとえば物質が燃焼すれば，その物質がもつ化学エネルギーが，熱エネルギーや光エネルギーとして放出される．また，硝酸アンモニウムを水に溶かすと，熱エネルギーを化学エネルギーとして吸収することで水溶液の温度が下がる．

　この章では，エネルギーの出入りをエンタルピーという概念を用いて扱う．また，ヘスの法則をもとに，ある反応が起こったときにどれだけのエネルギーが出入りするかを計算する手法を学ぶ．

❖ この章の目標 ❖

- ☐ 仕事およびエネルギーとは何かを理解する
- ☐ 内部エネルギーとエンタルピーの関係を理解する
- ☐ 標準生成エンタルピー，標準燃焼エンタルピーの定義を理解する
- ☐ 標準生成エンタルピーの値を用いて，ある反応の標準反応エンタルピーを求めることができる
- ☐ 結合解離エンタルピーの値を用いて，ある反応の標準反応エンタルピーを求めることができる
- ☐ 他のエンタルピーの値を用いて，格子エンタルピーを求めることができる

11.1　仕事とエネルギー

11.1.1　仕　事 NEW

　ある物体が力(慣性力，重力，静電気力)に逆らって動かされたとき，その物体は**仕事**(work)をされたという(図11.1)．物体がされた仕事の大きさ w は，加えられた力 F とその力の向きに移動した距離 x の積で表される[*1]．

$$w = Fx$$

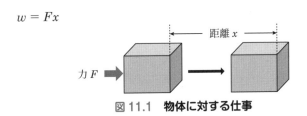

力 F　　距離 x

図11.1　物体に対する仕事

*1　加えた力と移動する向きが一致していない場合は，仕事は力ベクトル $\vec{F}$ と変位ベクトル $\vec{x}$ の内積で表される．

$$w = \vec{F}\cdot\vec{x}$$

$\vec{F}$ と $\vec{x}$ のなす角を θ とすると

$$w = Fx\cos\theta$$

　仕事の単位には J (ジュール) を用いる．1 J は，1 N の力がその力の方向に物体を 1 m 動かすときの仕事である．

$$1\,\mathrm{J} = 1\,\mathrm{N} \times 1\,\mathrm{m} = 1\,\mathrm{kg\cdot m^2/s^2}$$

11.1.2　エネルギー

仕事をする能力のことを**エネルギー**（energy）といい，単位は仕事と同じ J（ジュール）を用いる．エネルギーには，力学的エネルギー，熱エネルギー，光エネルギー，電気エネルギー，化学エネルギー，核エネルギーなどがある．あるエネルギーが他のエネルギーに変換されても，その総量は変わらない．これを，**エネルギー保存の法則**（law of energy conservation）という．エネルギーが変換される例を，図 11.2 に示す．

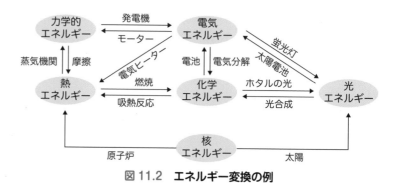

図 11.2　**エネルギー変換の例**

11.1.3　熱

温度差がある二つの物体が接触しているとき，高温の物体から低温の物体にエネルギーが移動し，やがて同じ温度になる．このとき移動するエネルギーを**熱**（heat）という．温度が高い物体ほど構成粒子の熱運動が激しいので，高温の物体から低温の物体に熱が移動するのは，構成粒子の熱運動の激しさが構成粒子どうしの衝突によって伝わるためである．

化学反応や状態変化が起こると，物質がもつ化学エネルギーが変化する．熱エネルギーが放出され，物質がもつ化学エネルギーが減少する過程を**発熱過程**（exothermic process），熱エネルギーが吸収され，物質がもつ化学エネルギーが増加する過程を**吸熱過程**（endothermic process）という（図11.3）．

図 11.3　**発熱過程と吸熱過程**

11.2 内部エネルギーとエンタルピー

11.2.1 内部エネルギー NEW

物質がもつエネルギーを考えるとき，注目している部分を**系**（system）という．系がもつエネルギーの総和を**内部エネルギー**（internal energy）といい，記号 U で表す．内部エネルギーの値はその系の状態（圧力，体積，温度）だけで決まり，どのような経路でその状態に至ったかには無関係である．このような物理量を**状態関数**（state function）という．

系の内部エネルギー変化 ΔU は変化後の内部エネルギー U_2 と変化前の内部エネルギー U_1 の差であり，系に与えられた熱 q と，系がされた仕事 w を用いて次のように表される（図 11.4）．

$$\Delta U = U_2 - U_1 = q + w$$

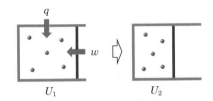

図 11.4 内部エネルギーの変化

なお，$q > 0$ のときには系に熱が与えられた，つまり吸熱過程であることを，$q < 0$ のときには系から熱が放出された，つまり発熱過程であることを表す．また，$w > 0$ のときには系が外部から仕事をされたことを，$w < 0$ のときには系が外部に対して仕事をしたことを表す．

11.2.2 エンタルピー NEW

断面積 S のピストン付き容器内の系が，一定の圧力 p に逆らって距離 Δx だけピストンを移動させたときの内部エネルギー変化 ΔU を考える（図 11.5）．

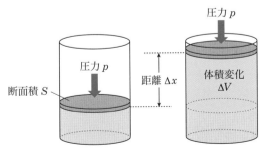

図 11.5 ピストン付きの容器による仕事

*2　$1\,\mathrm{Pa} = 1\,\mathrm{N/m^2}$ の圧力が $1\,\mathrm{m^2}$ の面積におよぼす力は

$$1\,\mathrm{N/m^2} \times 1\,\mathrm{m^2} = 1\,\mathrm{N}$$

つまり，圧力と面積の積が力の次元をもつことがわかる.

*3　$1\,\mathrm{Pa} = 1\,\mathrm{N/m^2}$ の圧力に逆らって $1\,\mathrm{m^3}$ だけ体積変化したときの仕事は

$$1\,\mathrm{N/m^2} \times 1\,\mathrm{m^3}$$
$$= 1\,\mathrm{N \cdot m}$$
$$= 1\,\mathrm{J}$$

つまり，圧力と体積の積が，エネルギーの次元をもつことがわかる.

ピストンにかかる力を F とすると，系が外部にした仕事は $F\Delta x$ である．ピストンにかかる力 F は圧力 p と断面積 S の積 pS で表される[*2]．また，断面積 S と距離 Δx の積 $S\Delta x$ が体積変化 ΔV なので，系がされた仕事 w は[*3]

$$w = -F\Delta x = -pS\Delta x = -p\Delta V$$

よって，内部エネルギー変化 ΔU は次のように書き換えられる.

$$\Delta U = q + w = q - p\Delta V$$

ここで，**エンタルピー**（enthalpy）H を，次のように定義する.

$$H = U + pV$$

すると，圧力一定のもとでのエンタルピー変化 ΔH は次のように表される.

$$\Delta H = H_2 - H_1 = \Delta U + p\Delta V = q$$

よって，エンタルピー変化 ΔH は，圧力一定のもとで系が与えられた熱量に等しいことがわかる.

発熱過程では，系は外部に熱を与えているため $q < 0$ となる．つまり，圧力一定のもとでの $\Delta H < 0$ の変化が発熱過程である．一方，吸熱過程では，系は外部から熱を与えられているため $q > 0$ となる．つまり，圧力一定のもとでの $\Delta H > 0$ の変化が吸熱過程である.

例題 11.1

$1.0 \times 10^5\,\mathrm{Pa}$ のもとで，$100\,^\circ\mathrm{C}$ の液体の水 $90\,\mathrm{g}$ に $205\,\mathrm{kJ}$ の熱量を与えたところ，$100\,^\circ\mathrm{C}$ の水蒸気に変化した．このときのエンタルピー変化 ΔH と内部エネルギー変化 ΔU はそれぞれ何 kJ か．整数で記せ．ただし，液体の水の密度は $1.0\,\mathrm{g/cm^3}$ とし，水蒸気は理想気体と考えてよい.

解答　$\Delta H = +205\,\mathrm{kJ}$　　　$\Delta U = +190\,\mathrm{kJ}$

▶▶ 解説 ···

圧力一定であり，エンタルピー変化 ΔH は与えられた熱 q と等しいので，

$$\Delta H = q = +205\,\mathrm{kJ}$$

$100\,^\circ\mathrm{C}$ の液体の水 $90\,\mathrm{g}$ の体積 V_1 は，

$$V_1 = \frac{90\,\mathrm{g}}{1.0\,\mathrm{g/cm^3}} = 90\,\mathrm{cm^3} = 9.0 \times 10^{-5}\,\mathrm{m^3}$$

$100\,^\circ\mathrm{C}$ の水蒸気 $90\,\mathrm{g}$ の体積 V_2 は，理想気体の状態方程式 $pV = nRT$

より，

$$V_2 = \frac{nRT}{p}$$

$$= \frac{\dfrac{90\,\text{g}}{18\,\text{g/mol}} \times 8.3 \times 10^3\,\text{Pa}\cdot\text{L/(K}\cdot\text{mol)} \times (100 + 273)\,\text{K}}{1.0 \times 10^5\,\text{Pa}}$$

$$= 154\,\text{L} = 0.154\,\text{m}^3$$

よって体積変化 ΔV は，

$$\Delta V = V_2 - V_1 = 0.154\,\text{m}^3 - 9.0 \times 10^{-5}\,\text{m}^3 \fallingdotseq 0.154\,\text{m}^3$$

気体がされた仕事 w は，

$$w = -p\Delta V = -1.0 \times 10^5\,\text{Pa} \times 0.154\,\text{m}^3 = -1.54 \times 10^4\,\text{J} = -15.4\,\text{kJ}$$

内部エネルギー変化 ΔU は，

$$\Delta U = q + w = +205\,\text{kJ} - 15.4\,\text{kJ} \fallingdotseq +190\,\text{kJ}$$

11.3　さまざまなエンタルピー

11.3.1　標準反応エンタルピー NEW

　化学反応に伴うエンタルピー変化を特に**反応エンタルピー**（reaction enthalpy）という．反応エンタルピーは圧力や温度によって異なるため，変化の前後が標準状態（$1.013 \times 10^5\,\text{Pa}$，$25\,℃$）である反応エンタルピーを特に**標準反応エンタルピー**（standard reaction enthalpy）という．

　たとえば，1 mol の窒素と 3 mol の水素から 2 mol のアンモニアが生じるときの標準反応エンタルピーは–92 kJ であり，化学反応式の後ろにエンタルピー変化を記し，次のように示す．

$$\text{N}_2(\text{g}) + 3\,\text{H}_2(\text{g}) \longrightarrow 2\,\text{NH}_3(\text{g}) \qquad \Delta H = -92\,\text{kJ}$$

　このとき，化学反応式の係数は物質量〔mol〕を表す．また，状態が異なると反応エンタルピーも変わるので，物質の状態を化学式の後ろに明記する（**表 11.1**）．複数の同素体が存在する場合は，同素体名を記す．

表 11.1　状態の表記

状態名	英語	表記
気体	gas	(g)
液体	liquid	(l)
固体	solid	(s)
水溶液	aqueous solution	(aq)

11.3.2　標準生成エンタルピー [NEW]

　ある化合物 1 mol が，標準状態の最も安定な単体から生成するときの標準反応エンタルピーを，特に**標準生成エンタルピー**（standard enthalpy of formation）という[*4]．たとえば，メタン $CH_4(g)$ の標準生成エンタルピーは -75 kJ/mol であり，黒鉛と水素から 1 mol のメタンが生成する反応は次のように表すことができる．

$$C\,(\text{graphite}) + 2H_2(g) \longrightarrow CH_4(g) \qquad \Delta H = -75 \text{ kJ}$$

*4　厳密には，生成する物質が 1 mol であることを示すために「標準"モル"生成エンタルピー」というべきだが，"モル"を省略する場合が多い．

11.3.3　標準燃焼エンタルピー [NEW]

　ある物質 1 mol が完全燃焼するときの標準反応エンタルピーを，特に**標準燃焼エンタルピー**（standard enthalpy of combustion）という[*5]．たとえば，メタン $CH_4(g)$ の標準燃焼エンタルピーは -890 kJ/mol であり，1 mol のメタンが完全燃焼する反応は次のように表すことができる．

$$CH_4(g) + 2O_2(g) \longrightarrow CO_2(g) + 2H_2O\,(l) \qquad \Delta H = -890 \text{ kJ}$$

*5　厳密には，生成する物質が 1 mol であることを示すために「標準"モル"燃焼エンタルピー」とするべきだが，"モル"を省略する場合が多い．

11.3.4　状態変化に伴うエンタルピー変化 [NEW]

　状態変化が起こる際にもエンタルピーが変化する．物質 1 mol の蒸発に伴うエンタルピー変化を**蒸発エンタルピー**（enthalpy of vaporization），物質 1 mol の融解に伴うエンタルピー変化を**融解エンタルピー**（enthalpy of fusion），物質 1 mol の昇華に伴うエンタルピー変化を**昇華エンタルピー**（enthalpy of sublimation）という[*6]．たとえば，水の蒸発エンタルピーは $+44$ kJ/mol であり，1 mol の水が蒸発する変化は次のように表すことができる．

$$H_2O\,(l) \longrightarrow H_2O\,(g) \qquad \Delta H = +44 \text{ kJ}$$

*6　厳密には，状態変化する物質が 1 mol であることを示すために「標準"モル"蒸発（融解・昇華）エンタルピー」とするべきだが，"モル"を省略する場合が多い．

11.4　エンタルピーを用いた計算

11.4.1　ヘスの法則

　反応をいくつかの段階に分割できれば，反応全体のエンタルピー変化は，個々の段階のエンタルピー変化の和に等しくなる．これを**ヘスの法則**（Hess's law）という．たとえば，黒鉛が完全燃焼する反応は，次のように表される．

$$C\,(\text{graphite}) + O_2(g) \longrightarrow CO_2(g) \qquad \Delta H_1 = -394 \text{ kJ}$$

ヘス
(Germain Henri Hess,
1802-1850)

　この反応は，一酸化炭素を経由すると次の二つの過程に分けることができる.

$$C\,(\text{graphite}) + \frac{1}{2}\,O_2\,(g) \longrightarrow CO\,(g) \qquad \Delta H_2 = -111\,\text{kJ}$$
$$CO\,(g) + \frac{1}{2}\,O_2\,(g) \longrightarrow CO_2\,(g) \qquad \Delta H_3 = -283\,\text{kJ}$$

　このとき，$\Delta H_1 = \Delta H_2 + \Delta H_3$ が成り立つことがわかる．これらの関係を図 11.6 に示す.

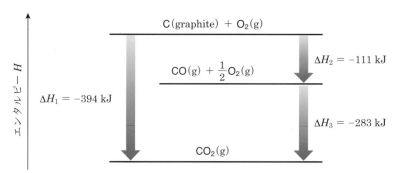

図 11.6　一酸化炭素および二酸化炭素の燃焼におけるエンタルピー変化

11.4.2　標準生成エンタルピーを用いた標準反応エンタルピーの計算

　ヘスの法則から，どんな反応も，反応物から生成物への変化が，標準状態で最も安定な単体を基準に表せることがわかる（図 11.7）．そこで，目的の反応の標準反応エンタルピー ΔH は，反応物および生成物の標準生成エンタルピーを用いて次のように表すことができる.

$$\Delta H = -\left(\begin{array}{c}\text{反応物の標準生成}\\\text{エンタルピーの総和}\end{array}\right) + \left(\begin{array}{c}\text{生成物の標準生成}\\\text{エンタルピーの総和}\end{array}\right)$$

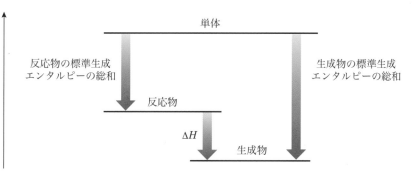

図 11.7　標準生成エンタルピーを用いた標準反応エンタルピーの計算

例題 11.2

エタン C_2H_6 (g) の標準燃焼エンタルピーは何 kJ/mol か．整数で記せ．
ただし C_2H_6 (g) の標準生成エンタルピーは -85 kJ/mol，CO_2 (g) の標準
生成エンタルピーは -394 kJ/mol，H_2O (l) の標準生成エンタルピーは
-286 kJ/mol である．

解答　-1561 kJ/mol

▶▶▶ 解 説 ⋯⋯⋯⋯⋯⋯⋯⋯⋯⋯⋯⋯⋯⋯⋯⋯⋯⋯⋯⋯⋯⋯⋯⋯⋯⋯⋯

気体のエタン 1 mol が完全燃焼するときの反応は次のように表される．

$$C_2H_6(g) + \frac{7}{2}O_2(g) \longrightarrow 2CO_2(g) + 3H_2O(l)$$

この反応のエンタルピー変化は

$$\Delta H = -\{(-85 \text{ kJ/mol}) \times 1 \text{ mol}\}$$
$$+\{(-394 \text{ kJ/mol}) \times 2 \text{ mol} + (-286 \text{ kJ/mol}) \times 3 \text{ mol}\}$$
$$= -1561 \text{ kJ}$$

よって，エタン C_2H_6 (g) の標準燃焼エンタルピーは -1561 kJ/mol で
ある．

11.5　化学結合の切断にともなうエンタルピー変化

11.5.1　結合解離エンタルピー

1 mol の共有結合が解離するときの標準反応エンタルピーを**結合解離エ
ンタルピー**（bond dissociation enthalpy）という．たとえば，水素分子中
の H–H の結合解離エンタルピーは $+436$ kJ/mol であり，1 mol の水素分
子が水素原子に解離する反応は次のように表すことができる．

$$H_2(g) \longrightarrow 2H(g) \qquad \Delta H = +436 \text{ kJ}$$

11.5.2　結合解離エンタルピーを用いた反応エンタルピーの計算

ヘスの法則から，どんな反応も，反応物から生成物への変化を，バラバ
ラの原子の状態を基準に表せることがわかる（図 11.8）．そこで，目的の
反応の標準反応エンタルピー ΔH は，反応物および生成物の結合解離エン
タルピーを用いて次のように表すことができる．

$$\Delta H = \begin{pmatrix} \text{反応物の結合解離} \\ \text{エンタルピーの総和} \end{pmatrix} - \begin{pmatrix} \text{生成物の結合解離} \\ \text{エンタルピーの総和} \end{pmatrix}$$

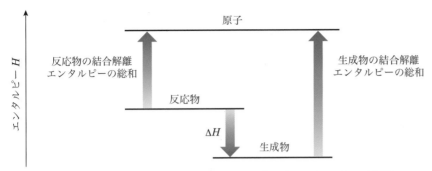

図 11.8 結合解離エンタルピーを用いた標準反応エンタルピーの計算

例題 11.3

気体のアンモニア $NH_3(g)$ の標準生成エンタルピーは何 kJ/mol か．ただし，結合解離エンタルピーは $N\equiv N$ が $+946\,kJ/mol$，$H-H$ が $+436\,kJ/mol$，$N-H$ が $+391\,kJ/mol$ とする．

解答 $-46\,kJ/mol$

▶▶ 解説 ┈┈

気体のアンモニア 1 mol が生じる反応は次のように表される．

$$\frac{1}{2}N_2(g) + \frac{3}{2}H_2(g) \longrightarrow NH_3(g)$$

$\Delta H =$ （反応物の結合解離エンタルピーの総和）－（生成物の結合解離エンタルピーの総和）の関係より，

$$\Delta H = \left\{(+946\,kJ/mol)\times\frac{1}{2}\,mol + (+436\,kJ/mol)\times\frac{3}{2}\,mol\right\}$$
$$- \left\{(+391\,kJ/mol)\times 3\,mol\right\}$$
$$= -46\,kJ$$

よって，気体のアンモニアの標準生成エンタルピーは $-46\,kJ/mol$ である．

11.5.3 格子エンタルピー

イオン結晶 1 mol がバラバラの気体状態のイオンに解離するときの標準反応エンタルピーを**格子エンタルピー**（lattice enthalpy）という．たとえば，塩化ナトリウムの格子エンタルピーは $+787\,kJ/mol$ であり，1 mol の塩化ナトリウムの結晶が気体状態のナトリウムイオンと塩化物イオンに解離する反応は，次のように表すことができる．

$$NaCl(s) \longrightarrow Na^+(g) + Cl^-(g) \qquad \Delta H = +787\,kJ$$

　しかし，格子エンタルピーを直接測定することは困難なので，**図 11.9** に示すように他のエンタルピーから求める．この関係は**ボルン・ハーバーサイクル**(Born-Haber cycle)と呼ばれる．なお，気体状態の原子から電子を取り去り，1 価の陽イオンにするときのエンタルピー変化をイオン化エンタルピーという．イオン化エンタルピーは，イオン化エネルギー分の増加となる．また，気体状態の原子に電子を 1 個与えて 1 価の陰イオンにするときのエンタルピー変化を電子付加エンタルピーという．電子付加エンタルピーは，電子親和力分の減少となる．

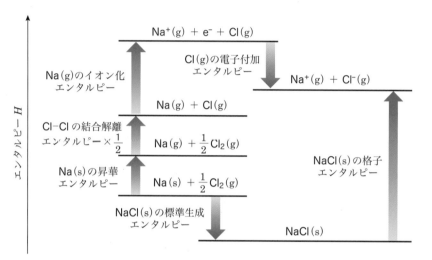

図 11.9　ボルン・ハーバーサイクル

例題 11.4

次のデータをもとに，塩化カリウムの格子エンタルピー〔kJ/mol〕を求め，整数で記せ．

KCl(s)の標準生成エンタルピー	−436 kJ/mol
カリウムの昇華エンタルピー	+90 kJ/mol
Cl–Cl の結合解離エンタルピー	+244 kJ/mol
カリウムのイオン化エンタルピー	+419 kJ/mol
塩素の電子付加エンタルピー	−349 kJ/mol

解答　+718 kJ/mol

▶▶ 解説 ………………………………………………………………………………

図 11.9 を参考にすると，1 mol の KCl がバラバラの原子の状態になるときのエンタルピー変化は

$$-(-436\ \mathrm{kJ}) + (+90\ \mathrm{kJ}) + (+244\ \mathrm{kJ}) \times \frac{1}{2} + (+419\ \mathrm{kJ}) + (-349\ \mathrm{kJ})$$

= +718 kJ

よって，KCl の格子エンタルピーは，+718 kJ/mol である.

1 1.0 mol の一酸化炭素 $CO(g)$ と 1.0 mol の酸素 $O_2(g)$ をピストン付きの容器に封入し，25 ℃，1.0×10^5 Pa のもとで点火して完全に反応させた．反応の前後で系がされた仕事 w と内部エネルギー変化 ΔU はそれぞれ何 kJ か．整数で記せ．ただし，$CO(g)$ の標準燃焼エンタルピーは -283 kJ/mol とする．

2 (1) ～ (3) の反応の標準反応エンタルピー〔kJ〕を求め，整数で記せ．ただし，必要があれば次の標準生成エンタルピーの値を用いること．

物質	標準生成エンタルピー
$C_6H_{12}O_6(s)$	-1273 kJ/mol
$C_2H_5OH(l)$	-278 kJ/mol
$CO_2(g)$	-394 kJ/mol
$H_2O(l)$	-286 kJ/mol

(1) $C_6H_{12}O_6(s) + 6O_2(g) \longrightarrow 6CO_2(g) + 6H_2O(l)$

(2) $C_6H_{12}O_6(s) \longrightarrow 2C_2H_5OH(l) + 2CO_2(g)$

(3) $C_2H_5OH(l) + 3O_2(g) \longrightarrow 2CO_2(g) + 3H_2O(l)$

3 プロパン $C_3H_8(g)$ の標準生成エンタルピー〔kJ/mol〕を求め，整数で記せ．ただし $C_3H_8(g)$ の標準燃焼エンタルピーは -2220 kJ/mol，$CO_2(g)$ の標準生成エンタルピーは -394 kJ/mol，$H_2O(l)$ の標準生成エンタルピーは -286 kJ/mol である．

4 (1) ～ (3) の反応の標準反応エンタルピー〔kJ〕を求め，整数で記せ．ただし，必要があれば次の結合解離エンタルピーの値を用いること．

物質	結合解離エンタルピー
H–H	$+436$ kJ/mol
H–Cl	$+432$ kJ/mol
Cl–Cl	$+243$ kJ/mol
C–H	$+416$ kJ/mol
C–C	$+368$ kJ/mol
C–Cl	$+342$ kJ/mol
C=C	$+590$ kJ/mol

(1) $H_2(g) + Cl_2(g) \longrightarrow 2\,HCl(g)$

(2) $CH_4(g) + Cl_2(g) \longrightarrow CH_3Cl(g) + HCl(g)$

(3) $C_2H_4(g) + H_2(g) \longrightarrow C_2H_6(g)$

5 ダイヤモンドの標準燃焼エンタルピーが $-396\,kJ/mol$ であることから，ダイヤモンド中の C–C 結合の結合解離エンタルピー〔kJ/mol〕を求め，整数で記せ．ただし，C=O 結合の結合解離エンタルピーは $+804\,kJ/mol$，O=O 結合の結合解離エンタルピーは $+498\,kJ/mol$ とする．

6 次の各データをもとに，フッ化カルシウムの格子エンタルピー〔kJ/mol〕を求め，整数で記せ．

$CaF_2(s)$ の標準生成エンタルピー	$-1220\,kJ/mol$
カルシウムの昇華エンタルピー	$+178\,kJ/mol$
F–F の結合解離エンタルピー	$+158\,kJ/mol$
カルシウムの第一イオン化エンタルピー	$+590\,kJ/mol$
カルシウムの第二イオン化エンタルピー	$+1145\,kJ/mol$
フッ素の電子付加エンタルピー	$-328\,kJ/mol$

第12章

化学平衡

● この章で学ぶこと……………
化学反応の中には一方向だけでなく，逆向きにも進行する
ものがある．そのような反応は，十分に時間が経っても反
応物がすべて消費されないまま，見かけ上は変化が停止し
た化学平衡の状態となる．この章では，化学平衡とはどの
ような状態かを理解し，平衡定数を用いた物質量の計算を
修得する．また，ルシャトリエの原理や平衡定数をもとに，
条件を変化させたときに反応が進行する方向を推定できる
ようにする．

❖ この章の目標 ❖

☐ 化学平衡の状態とはどのような状態か
を理解する
☐ 濃度平衡定数の定義を知り，濃度平衡
定数に関する計算ができるようになる
☐ 圧平衡定数の定義を知り，圧平衡定数
に関する計算ができるようになる
☐ ルシャトリエの原理から，平衡がどの
ように移動するかを推測できるように
なる

12.1 可逆反応と化学平衡

12.1.1 可逆反応と不可逆反応

空気中でメタンに点火すると，燃焼して二酸化炭素と水が生じる．

$$CH_4(g) + 2O_2(g) \longrightarrow CO_2(g) + 2H_2O(l)$$

しかし，二酸化炭素と水を混合して加熱しても，メタンは生じない．こ
のように，一方向にしか進まない反応を**不可逆反応**（irreversible
reaction）という．

一方，水素とヨウ素を密閉容器内で加熱すると，一部がヨウ化水素に変
化する．

$$H_2(g) + I_2(g) \longrightarrow 2HI(g)$$

また，ヨウ化水素を加熱すると，一部が水素とヨウ素に変化する．

$$2HI(g) \longrightarrow H_2(g) + I_2(g)$$

このように，逆向きにも起こりうる反応を**可逆反応**（reversible

reaction）といい，次のように両方向の矢印（⇌）を用いて表す[*1]．また可逆反応において，右向きの反応を**正反応**（forward reaction），左向きの反応を**逆反応**（reverse reaction）という．

$$H_2(g) + I_2(g) \rightleftharpoons 2HI(g)$$

12.1.2　化学平衡の状態

　水素とヨウ素を同物質量ずつ密閉容器に入れて温度を一定に保つと，最初は正反応のみが起こる．しかし，水素とヨウ素の濃度が減少するほど正反応の反応速度（ヨウ化水素の生成速度）は小さくなり，ヨウ化水素の濃度が増加するほど逆反応の反応速度（ヨウ化水素の分解速度）が増加する．すると，最終的に正反応と逆反応の反応速度が等しくなり，見かけ上は変化が起こらなくなる（**図 12.1**）．この状態を**化学平衡の状態**（chemical equilibrium state）または単に**平衡状態**（equilibrium state）という．

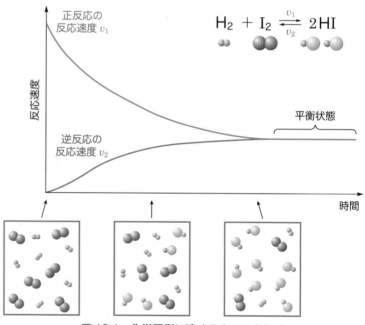

図 12.1　**化学平衡に達するまでのようす**

12.2 平衡定数

12.2.1 化学平衡の法則と濃度平衡定数

一般に，次のような可逆反応

$$a\mathsf{A} + b\mathsf{B} \rightleftharpoons x\mathsf{X} + y\mathsf{Y}$$

が平衡状態にあるとき，温度が一定であれば，それぞれのモル濃度 $[\mathsf{A}]$，$[\mathsf{B}]$，$[\mathsf{X}]$，$[\mathsf{Y}]$ の間には次の関係が成り立つ[*2].

$$\frac{[\mathsf{X}]^x[\mathsf{Y}]^y}{[\mathsf{A}]^a[\mathsf{B}]^b} = K_c$$

この K_c は**濃度平衡定数**または**平衡定数**（equilibrium constant）と呼ばれ，この関係を**化学平衡の法則**（law of mass action）という．温度が一定であれば，濃度平衡定数は一定の値をとる．

12.2.2 圧平衡定数

一般に，次のような可逆反応

$$a\mathsf{A}(\mathrm{g}) + b\mathsf{B}(\mathrm{g}) \rightleftharpoons x\mathsf{X}(\mathrm{g}) + y\mathsf{Y}(\mathrm{g})$$

が平衡状態にあるとき，温度が一定であれば，それぞれの分圧 p_A, p_B, p_X, p_Y の間には次の関係が成り立つ．

$$\frac{p_\mathsf{X}{}^x p_\mathsf{Y}{}^y}{p_\mathsf{A}{}^a p_\mathsf{B}{}^b} = K_p$$

この K_p は**圧平衡定数**（pressure equilibrium constant）と呼ばれる．温度が一定であれば，圧平衡定数は一定の値をとる．

圧平衡定数 K_p と濃度平衡定数 K_c の関係を考えてみる．平衡状態にある混合気体の体積を V，絶対温度を T とすると，理想気体の状態方程式より，気体 A の分圧 p_A は，平衡状態における気体 A の物質量 n_A を用いて次のように表される．

$$p_\mathsf{A} = \frac{n_\mathsf{A} RT}{V}$$

ここで，$\frac{n_\mathsf{A}}{V}$ は気体 A のモル濃度 $[\mathsf{A}]$ を表すので，次式のように書き換えることができる．

$$p_\mathsf{A} = [\mathsf{A}]RT$$

*2 本来，濃度平衡定数にはモル濃度ではなく**活量**（activity）を用いる．ただし，モル濃度の値が小さい場合には，活量をモル濃度で近似することができるため，ここではモル濃度で表記する．

他の気体についても同様の関係が成り立つので，

$$K_{\mathrm{p}} = \frac{p_{\mathrm{X}}{}^{x}p_{\mathrm{Y}}{}^{y}}{p_{\mathrm{A}}{}^{a}p_{\mathrm{B}}{}^{b}} = \frac{([\mathrm{X}]RT)^{x}([\mathrm{Y}]RT)^{y}}{([\mathrm{A}]RT)^{a}([\mathrm{B}]RT)^{b}} = \frac{[\mathrm{X}]^{x}[\mathrm{Y}]^{y}}{[\mathrm{A}]^{a}[\mathrm{B}]^{b}}(RT)^{(x+y)-(a+b)}$$

ここで，$\dfrac{[\mathrm{X}]^{x}[\mathrm{Y}]^{y}}{[\mathrm{A}]^{a}[\mathrm{B}]^{b}} = K_{\mathrm{c}}$ とすると，K_{c} と K_{p} の間に成り立つ次の関係式が得られる．

$$K_{\mathrm{p}} = K_{\mathrm{c}}(RT)^{(x+y)-(a+b)}$$

例題 12.1

四酸化二窒素 N_2O_4 は次に示す可逆反応によって解離して二酸化窒素 NO_2 を生じる．

$$N_2O_4(\mathrm{g}) \rightleftarrows 2NO_2(\mathrm{g})$$

ピストン付きの密閉容器に 0.080 mol の四酸化二窒素を封入し，容器の内容積を 5.0 L，温度を 27℃に保ったところ，0.040 mol の二酸化窒素が生じて平衡状態となった．また，このときの容器内の圧力は 5.0×10^{4} Pa であった．27℃におけるこの反応の濃度平衡定数 K_{c} および圧平衡定数 K_{p} を求めよ．ただし，気体定数は 8.3×10^{3} Pa・L/(K・mol) とする．

解答　$K_{\mathrm{c}} = 5.3\times10^{-3}$ mol/L　　　$K_{\mathrm{p}} = 1.3\times10^{4}$ Pa

▶▶解説 ···

平衡状態になるまでに，各気体の物質量は次のように変化する．

	N₂O₄	⇄	2NO₂
反応前	0.080 mol		0 mol
変化量	−0.020 mol		+0.040 mol
平衡時	0.060 mol		0.040 mol

よって，濃度平衡定数 K_{c} は，

$$K_{\mathrm{c}} = \frac{[\mathrm{NO_2}]^2}{[\mathrm{N_2O_4}]} = \frac{\left(\dfrac{0.040\ \mathrm{mol}}{5.0\ \mathrm{L}}\right)^2}{\dfrac{0.060\ \mathrm{mol}}{5.0\ \mathrm{L}}} = 5.33\times10^{-3}\ \mathrm{mol/L}$$

また，平衡状態における N_2O_4 の分圧 $p_{\mathrm{N_2O_4}}$ および NO_2 の分圧 $p_{\mathrm{NO_2}}$ は，

$$p_{\mathrm{N_2O_4}} = 5.0\times10^{4}\ \mathrm{Pa} \times \frac{0.060\ \mathrm{mol}}{0.100\ \mathrm{mol}} = 3.0\times10^{4}\ \mathrm{Pa}$$

$$p_{NO_2} = 5.0 \times 10^4\,Pa \times \frac{0.040\,mol}{0.100\,mol} = 2.0 \times 10^4\,Pa$$

よって，圧平衡定数 K_p は，

$$K_p = \frac{p_{NO_2}^2}{p_{N_2O_4}} = \frac{(2.0 \times 10^4\,Pa)^2}{3.0 \times 10^4\,Pa} = 1.33 \times 10^4\,Pa$$

または，

$$K_p = \frac{p_{NO_2}^2}{p_{N_2O_4}} = \frac{([NO_2]RT)^2}{[N_2O_4]RT} = \frac{[NO_2]^2}{[N_2O_4]}\,RT = K_c RT$$

よって

$$K_p = 5.33 \times 10^{-3}\,mol/L \times 8.3 \times 10^3\,Pa \cdot L/(K \cdot mol) \times (27 + 273)\,K$$
$$= 1.32 \times 10^4\,Pa$$

12.2.3　不均一系の平衡

　均一に混じり合った気体や液体の中で成り立つ平衡を**均一平衡** (homogeneous equilibrium) という．一方，反応物や生成物に固体が存在し，均一に混じり合わない中で成り立つ平衡を**不均一平衡** (heterogeneous equilibrium) という．不均一平衡において，固体の量は平衡に影響を与えないため，平衡定数の式には含めない．

　例えば，赤熱したコークスと二酸化炭素を反応させると，一酸化炭素が生じて平衡状態となる．

$$C\,(s) + CO_2\,(g) \rightleftharpoons 2CO\,(g)$$

　固体の量は平衡に影響を与えないため，この反応の濃度平衡定数および圧平衡定数は，それぞれ次式で表される．

$$K_c = \frac{[CO]^2}{[CO_2]} \qquad K_p = \frac{p_{CO}^2}{p_{CO_2}}$$

例題 12.2

　容積 5.0 L の密閉容器に 0.200 mol のコークスと 0.100 mol の二酸化炭素を封入して 1200 K に保つと，二酸化炭素の物質量が 0.010 mol になったところで次の反応が平衡状態となった．

$$C\,(s) + CO_2\,(g) \rightleftharpoons 2CO\,(g)$$

この反応の 1200 K における濃度平衡定数を求めよ．

解答　0.64 mol/L

▶▶ 解　説 ......

平衡状態になるまでに，各気体の物質量は次のように変化する．

	C	+	CO$_2$	⇌	2CO
反応前	0.200 mol		0.100 mol		0 mol
変化量	−0.090 mol		−0.090 mol		+0.090 mol
平衡時	0.110 mol		0.010 mol		0.180 mol

よって，濃度平衡定数 K_c は，

$$K_c = \frac{[CO]^2}{[CO_2]} = \frac{\left(\dfrac{0.180\ \text{mol}}{5.0\ \text{L}}\right)^2}{\dfrac{0.010\ \text{mol}}{5.0\ \text{L}}} = 0.648\ \text{mol/L}$$

ルシャトリエ
(Henri Louis Le Châtelier,
1850-1936)
フランスの化学者．著名な技術者
を父にもつ．その影響もあり，冶
金の研究を徹底的に行うなど，工
業的な問題に強く惹かれていた．
1884 年に発表したルシャトリエ
の原理もそういった関心から生ま
れたといえる．

12.3　平衡の移動

12.3.1　ルシャトリエの原理（平衡移動の原理）

　平衡状態にある系に対し，濃度，温度，圧力などの条件を変化させると，正反応または逆反応の向きに反応が進行し，新たな平衡状態となる．これを**平衡の移動**（mobile equilibrium）という．平衡移動に関して，ルシャトリエは次の原理を提唱した．

「化学反応が平衡状態にあるときに濃度，温度，圧力などの条件を変化させると，その変化を和らげる方向に平衡が移動する」

　これを**ルシャトリエの原理**（Le Chatelier's principle），または**平衡移動の原理**という．

12.3.2　濃度変化と平衡の移動

　ある可逆反応が平衡状態にあるとき，その反応に関与する物質を加えたり除いたりした場合，平衡は次のように移動する．

反応に関与する物質を加えて**濃度を増加**させると…	⇒ 加えた物質の**濃度が減少**する方向へ
反応に関与する物質を除いて**濃度を減少**させると…	⇒ 除いた物質の**濃度が増加**する方向へ

　たとえば水素，ヨウ素からヨウ化水素が生じる反応において，濃度の変

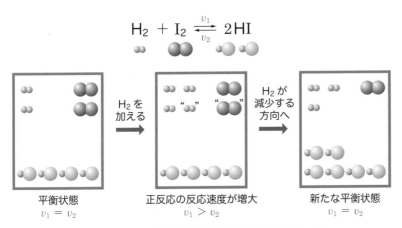

図 12.2　H₂ を加えたときの平衡移動のイメージ

化による平衡の移動を考えてみる（図 12.2）．正反応によるヨウ化水素の
生成速度を v_1，逆反応によるヨウ化水素の分解速度を v_2 とすると，平衡
状態では $v_1 = v_2$ であり，水素，ヨウ素，ヨウ化水素のモル濃度は変化し
ない．しかし，ここに水素を加える，つまり「水素の濃度を大きくする」と
いう変化を加えると，v_1 だけが一時的に大きくなり，右向きに反応が進
行する（図 12.3）．すると，水素とヨウ素の濃度が小さくなるにつれて v_1
は小さくなっていき，ヨウ化水素の濃度が増加するにつれて v_2 は大きく
なっていき，ある程度時間が経過したところで，再び $v_1 = v_2$ となる．こ
れが，新たな平衡状態である．このとき，「水素の濃度が小さくなる」方向
に平衡が移動しているが，水素の濃度はもとの濃度までは小さくならない
（図 12.4）．これが，ルシャトリエの原理が，「加えた変化を"やわらげる"」
と表現している理由である．

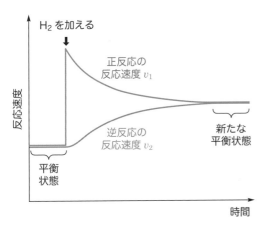

図 12.3　H₂ を加えたときの正反応および逆反応
の反応速度の変化

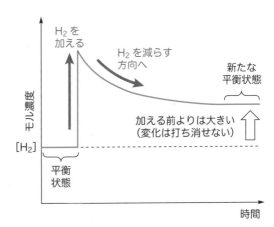

図 12.4　H₂ を加えたときの H₂ のモル濃度 [H₂] の
変化

12.3.3　圧力変化と平衡の移動

ある可逆反応が平衡状態にあるときに系の圧力を変化させた場合，平衡は次のように移動する．

> 圧力を大きくすると… ⇒ **気体分子の総数が減少する**方向へ
> 圧力を小さくすると… ⇒ **気体分子の総数が増加する**方向へ

これは，温度および体積が一定であれば，気体の圧力が気体分子の総数（物質量）に比例するためである．

たとえば四酸化二窒素 N_2O_4 が分解して二酸化窒素 NO_2 が生じる反応において，圧力の変化による平衡の移動を考えてみる（図12.5）．

$$N_2O_4(g) \rightleftharpoons 2NO_2(g) \qquad \cdots ①$$

N_2O_4 の解離度（最初に封入した N_2O_4 の物質量に対する平衡状態で解離している N_2O_4 の割合）を α，最初に封入した N_2O_4 の物質量を n〔mol〕とすると，各気体の物質量は次のように変化する．

	N_2O_4	$\rightleftharpoons$	$2NO_2$	全物質量
反応前	n		0	n
変化量	$-n\alpha$		$+2n\alpha$	$+n\alpha$
平衡時	$n(1-\alpha)$		$2n\alpha$	$n(1+\alpha)$

よって，平衡状態における全圧を P とすると，N_2O_4 の分圧 $p_{N_2O_4}$ および NO_2 の分圧 p_{NO_2} は，それぞれ次のように表される．

$$p_{N_2O_4} = P \times \frac{n(1-\alpha)}{n(1+\alpha)} = \frac{1-\alpha}{1+\alpha}P$$

$$p_{NO_2} = P \times \frac{2n\alpha}{n(1+\alpha)} = \frac{2\alpha}{1+\alpha}P$$

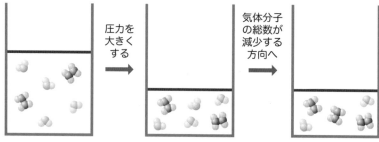

図12.5　圧力を大きくしたときの平衡移動のイメージ

①式の圧平衡定数を K_p とすると,

$$K_p = \frac{p_{NO_2}{}^2}{p_{N_2O_4}} = \frac{\left(\dfrac{2\alpha}{1+\alpha}P\right)^2}{\dfrac{1-\alpha}{1+\alpha}P} = \frac{4\alpha^2}{1-\alpha^2}P$$

これを α について解くと, $\alpha = \sqrt{\dfrac{K_p}{4P+K_p}}$

温度が一定なら K_p は一定なので, P を大きくすると α は小さくなる. つまり, ①式の平衡は左に移動しており, 圧力を大きくすると気体分子の総数が減少するというルシャトリエの原理から予測される結果と一致している.

12.3.4 温度変化と平衡の移動

ある可逆反応が平衡状態にあるときに系の温度を変化させた場合, 平衡は次のように移動する.

> 加熱して**温度を高く**すると… ⇒ **吸熱反応**の方向へ
> 冷却して**温度を低く**すると… ⇒ **発熱反応**の方向へ

発熱反応 ($\Delta H < 0$) の場合, 温度が低下するにつれて平衡定数は大きくなる. つまり, 温度が低下すると, 反応物が減少して生成物が増加する正反応(発熱反応)の向きに平衡が移動する. また, 吸熱反応($\Delta H > 0$)の場合, 温度が上昇するにつれて平衡定数は大きくなる. つまり, 温度が上昇すると, 反応物が減少して生成物が増加する正反応(吸熱反応)の向きに平衡が移動する.

12.3.5 触媒と平衡の移動

触媒を加えても, 平衡は移動しない. これは, 触媒は正反応と逆反応の反応速度を同じ割合で増大させるためである. ただし, 反応速度は大きくなるため, 平衡状態になるのに要する時間は短縮される.

例題12.3

二酸化硫黄と酸素を密閉容器に封入して加熱すると, 次の可逆反応によって三酸化硫黄が生成する.

$$2SO_2(g) + O_2(g) \rightleftharpoons 2SO_3(g) \qquad \Delta H = -198\,kJ$$

この反応が平衡状態にあるときに (1) ～ (4) の操作を行って十分に時間が経過すると, 三酸化硫黄の物質量は最初の平衡状態のときに比べてど

のように変化するか.「増加する」「減少する」「変わらない」のいずれかを
記せ.

　(1) 体積を一定に保ったまま二酸化硫黄を加える.

　(2) 温度を一定に保ったまま体積を小さくする.

　(3) 圧力を一定に保ったまま加熱する.

　(4) 触媒を加える.

解答　(1) 増加する　　(2) 増加する　　(3) 減少する　　(4) 変化しない

▶▶ **解説** ··

(1) SO_2 を加えてその濃度を大きくすると，SO_2 の濃度が減少する右
　　向きに平衡が移動し，SO_3 の物質量は増加する.

(2) 体積を小さくして圧力を大きくすると，気体の総分子数が減少す
　　る右向きに平衡が移動し，SO_3 の物質量は増加する.

(3) 加熱して温度を高くすると，吸熱反応つまりエンタルピーが増加
　　する左向きに平衡が移動し，SO_3 の物質量は減少する.

(4) 触媒を加えても平衡は移動しない

---

1 水素とヨウ素を密閉容器内で加熱すると，次に示す可逆反応によって
　　一部がヨウ化水素に変化し，やがて平衡状態となる.

$$H_2(g) + I_2(g) \rightleftharpoons 2HI(g)$$

容積 2.0 L の密閉容器に水素とヨウ素を 0.50 mol ずつ封入し，400 ℃
で反応させた. 十分に時間が経過して平衡状態になったとき，容器内に
はヨウ化水素が 0.80 mol 存在していた. これについて，次の (1) ～ (3)
に答えよ.

(1) この反応の 400 ℃における濃度平衡定数 K_c の値を求めよ.

(2) 容積 5.0 L の密閉容器に水素，ヨウ素，ヨウ化水素をいずれも
　　0.50 mol ずつ封入して 400 ℃に保つと，反応はどちら向きに進行
　　するか.「右」「左」「進行しない」のいずれかを記せ.

(3) (2) の条件で平衡状態となったとき，容器内に存在するヨウ化水素
　　の物質量は何 mol か.

2 酢酸とエタノールの混合物に少量の濃硫酸を加えて加熱すると，次式
　　のように反応して酢酸エチルが生じる.

$$CH_3COOH(l) + C_2H_5OH(l) \rightleftharpoons CH_3COOC_2H_5(l) + H_2O(l)$$

酢酸とエタノールを 0.90 mol ずつ混合し，少量の濃硫酸を加えて 25 ℃に保つと平衡状態に達した．このとき酢酸は 0.30 mol 残っていた．これについて，次の(1)，(2)に答えよ．

(1) この反応の 25 ℃における平衡定数を求めよ．

(2) この平衡状態にさらにエタノールを 0.90 mol 加えて 25℃に保つと，存在する酢酸エチルは何 mol になるか．

❸ 四酸化二窒素 N_2O_4 は次の①式に示す可逆反応によって解離して二酸化窒素 NO_2 を生じる．

$$N_2O_4(g) \rightleftharpoons 2NO_2(g)$$

ピストン付きの密閉容器に 0.20 mol の四酸化二窒素を封入し，圧力を 1.20×10^5 Pa，温度を 27 ℃に保ったところ，上記の反応が平衡状態となった．このとき，混合気体の体積は 4.98 L であった．

(1) 四酸化二窒素の解離度（最初に封入した四酸化二窒素の物質量に対する平衡状態で解離している四酸化二窒素の割合）を求めよ．

(2) 27 ℃におけるこの反応の圧平衡定数 K_p を求めよ．

(3) 容器内の圧力を 1.75×10^5 Pa に保って平衡状態となったとき，容器内に存在する四酸化二窒素の物質量を求めよ．

❹ 窒素と水素の混合気体を触媒の存在下で高温・高圧に保つと，アンモニアが生成する．

$$N_2(g) + 3H_2(g) \rightleftharpoons 2NH_3(g) \qquad \Delta H = -46\,kJ$$

窒素と水素を 1：3 の物質量比で含む混合気体を容積可変の密閉容器に封入し，ある一定温度 T〔K〕のもとで圧力を 1.0×10^7 Pa に保ったところ，やがて平衡状態になった．このとき，アンモニアのモル百分率は 20 ％であった．次の(1)〜(3)に答えよ．

(1) T〔K〕におけるこの反応の圧平衡定数を求めよ．

(2) 温度を T〔K〕に保ったまま圧縮したとき，平衡状態におけるアンモニアのモル百分率を 60 ％にするためには，全圧を何 Pa にすればよいか．

(3) この反応が平衡状態にあるときに次の(i)〜(v)の操作をした場合，平衡はどのように移動するか．「右」「左」「移動しない」のうちから選んでそれぞれ記せ．

(i) 圧力を一定に保ったまま加熱する．

(ii) 温度，容積を一定に保ったままアンモニアを除く．

(iii) 温度，容積を一定に保ったままアルゴンを加える．

(iv) 温度，圧力を一定に保ったままアルゴンを加える．

(v) 触媒を取り除く．

5 容積可変の密閉容器内で 20.0 mol の黒鉛 C と 2.0 mol の酸素 O_2 を反応させると，一酸化炭素 CO と二酸化炭素 CO_2 が生じ，O_2 は完全に消失した．さらに，密閉容器内の温度を 670 ℃，容積を 2.0 L に保つと，次式で表される反応が平衡状態に達した．この反応の平衡定数は 2.0 mol/L である．下の(1)，(2)に答えよ．ただし，黒鉛の体積は無視できるものとする．

$$C(s) + CO_2(g) \rightleftharpoons 2CO(g)$$

(1) 平衡状態における CO の物質量を求めよ．

(2) この反応が平衡状態にあるときに次の (i) 〜 (iii) の操作を行った場合，平衡はどのように移動するか．「右」「左」「移動しない」のうちからそれぞれ選んで記せ．

(i) 温度，容積を一定に保ったまま二酸化炭素を加える．

(ii) 温度，容積を一定に保ったまま黒鉛を加える．

(iii) 温度を一定に保ったまま容積を小さくする．

電離平衡

● この章で学ぶこと··········

　アレニウスの定義による酸や塩基は，水に溶かすと電離して水素イオンや水酸化物イオンを生じる．弱酸や弱塩基の電離は可逆反応であり，水溶液中でその一部が電離して平衡状態となる．中和反応によってできた塩の水溶液や，弱酸とその塩の混合溶液の中でも電離平衡が存在する．また，難溶性の塩を水に加えると，溶解平衡の状態になる．

　この章では，化学平衡の法則を水溶液中の平衡に適用する手法を学び，酸や塩基，塩の水溶液，緩衝液の pH の計算や，難溶性の塩の水溶液におけるイオン濃度の計算を修得する．

❖ この章の目標 ❖

□ 水の電離平衡をもとに，水のイオン積が一定であることを理解する
□ 弱酸や弱塩基の水溶液の pH を求めることができる
□ 弱酸の塩や弱塩基の塩の水溶液の pH を求めることができる
□ 緩衝液の pH を求めることができる
□ 溶解度積を用いた計算ができる

13.1　電離平衡

13.1.1　水の電離平衡

　水は，ブレンステッド・ローリーの定義による酸としても塩基としてもはたらくことができる．すなわち，水はわずかに電離して平衡状態となる．

$$\overset{\displaystyle H^+}{H_2O} + H_2O \rightleftharpoons H_3O^+ + OH^-$$

　この反応の平衡定数を K とすると，平衡状態においてそれぞれのモル濃度の間には次の関係が成り立つ．

$$\frac{[H_3O^+][OH^-]}{[H_2O]^2} = K$$

　水の電離はごくわずかしか起こらないため，$[H_2O]$ は一定とみなすことができる．また，オキソニウムイオンのモル濃度 $[H_3O^+]$ は，通常は水素イオン濃度 $[H^+]$ で表す．すると，次の式が導かれる．

$$[H^+][OH^-] = K[H_2O]^2 = K_w$$

この K_w が，第8章で学んだ**水のイオン積**(ion product of water)である．25 °Cの純水では，$[H^+] = [OH^-] = 1.0 \times 10^{-7}$ mol/L なので，$K_w = 1.0 \times 10^{-14}$ (mol/L)^2 である．また，希薄な酸や塩基の水溶液中でも $[H^+][OH^-] = K_w$ の関係は常に成り立つ．

13.1.2 弱酸の電離平衡

弱酸 HA は，水溶液中でその一部が電離して平衡状態となる．

$$\overset{H^+}{\overbrace{}}$$
$$HA + H_2O \rightleftharpoons A^- + H_3O^+$$

この反応の平衡定数を K とすると，平衡状態においてそれぞれのモル濃度の間には次の関係が成り立つ．

$$\frac{[A^-][H_3O^+]}{[HA][H_2O]} = K$$

希薄な水溶液における水のモル濃度 $[H_2O]$ は約 55 mol/L と非常に大きいため，一定とみなすことができる．また，オキソニウムイオンのモル濃度 $[H_3O^+]$ は，通常は水素イオン濃度 $[H^+]$ で表す．すると，次の式が導かれる．

$$\frac{[A^-][H^+]}{[HA]} = K[H_2O] = K_a$$

この K_a は**酸解離定数**(acidity constant)と呼ばれ，値が大きいほど水溶液中で電離しやすく，強い酸であることを表す．また，次のように pK_a を定義すると，K_a の大小関係を比較しやすくなるためよく用いられる．

$$pK_a = -\log_{10} \frac{K_a}{\text{mol/L}}$$

K_a の値が大きい，つまり pK_a の値が小さいほど強い酸であることを表す．主な酸の K_a および pK_a の値を**表 13.1** に示す．$K_a > 1$，つまり $pK_a < 0$ の酸は水溶液中で完全に電離するため，強酸と呼ばれる．

K_a の値を用いて，酸の水溶液の水素イオン濃度や pH を求めることができる．

表 13.1 主な酸の K_a および pK_a

名称	化学式	$K_a/mol\cdot L^{-1}$	pK_a
塩化水素	HCl	8×10^5	-5.9
硝酸	HNO_3	2.7×10	-1.43
フッ化水素	HF	1.1×10^{-3}	2.97
ギ酸	HCOOH	2.9×10^{-3}	3.54
酢酸	CH_3COOH	2.7×10^{-5}	4.57

【例】 c 〔mol/L〕の酢酸水溶液

酢酸の電離度を α とすると，電離平衡時の各成分のモル濃度は次のようになる（**図 13.1**）．なお，通常は水の電離度は非常に小さいため，水の電離で生じる H^+ のモル濃度は無視できる．

	CH_3COOH	$\rightleftharpoons$	CH_3COO^-	$+$	H^+
電離前	c		0		0
変化量	$-c\alpha$		$+c\alpha$		$+c\alpha$
平衡時	$c(1-\alpha)$		$c\alpha$		$c\alpha$

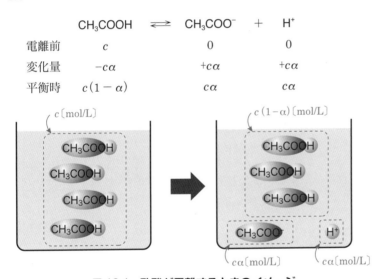

図 13.1 **酢酸が電離するときのイメージ**

これらのモル濃度を $K_a = \dfrac{[CH_3COO^-][H^+]}{[CH_3COOH]}$ に代入すると，

$$K_a = \frac{c\alpha \times c\alpha}{c(1-\alpha)} = \frac{c\alpha^2}{1-\alpha}$$

0.1 mol/L 程度の酢酸水溶液であれば，酢酸の電離度は非常に小さいので，$1-\alpha \fallingdotseq 1$ と近似すると

$$K_a = c\alpha^2 \qquad \boxed{\alpha = \sqrt{\frac{K_a}{c}}}$$

よって，水素イオン濃度$[H^+]$は，

$$[H^+] = c\alpha = \sqrt{cK_a}$$

例題 13.1

0.10 mol/L の酢酸水溶液について，次の (1), (2) に答えよ．ただし，酢酸の酸解離定数を $K_a = 2.7 \times 10^{-5}$ mol/L とする．

(1) 酢酸の電離度はいくらか．

(2) pH はいくらか．

解答 (1) 1.6×10^{-2} (2) 2.79

▶▶ 解説 ⋯⋯⋯⋯⋯⋯⋯⋯⋯⋯⋯⋯⋯⋯⋯⋯⋯⋯⋯⋯⋯

(1) $\alpha = \sqrt{\dfrac{K_a}{c}} = \sqrt{\dfrac{2.7 \times 10^{-5} \text{ mol/L}}{0.10 \text{ mol/L}}} = 1.64 \times 10^{-2}$

(2) $[H^+] - c\alpha = \sqrt{0.10 \text{ mol/L} \times 2.7 \times 10^{-5} \text{ mol/L}} = 1.64 \times 10^{-3}$ mol/L

$\text{pH} = -\log_{10}(1.64 \times 10^{-3}) = 3 - 0.214 = 2.786$

13.1.3　弱塩基の電離平衡

弱塩基 B は，水溶液中でその一部が電離して平衡状態となる．

$$\overset{\text{H}^+}{\overbrace{}}$$
$$B + H_2O \rightleftharpoons BH^+ + OH^-$$

この反応の平衡定数を K とすると，平衡状態においてそれぞれのモル濃度の間には次の関係が成り立つ．

$$\frac{[BH^+][OH^-]}{[B][H_2O]} = K$$

希薄な水溶液における水のモル濃度 $[H_2O]$ は約 55 mol/L と非常に大きいため，一定とみなすことができる．すると，次の式が導かれる．

$$\frac{[BH^+][OH^-]}{[B]} = K[H_2O] = K_b$$

この K_b は**塩基解離定数** (base-dissociation constant) と呼ばれ，値が大きいほど水溶液中で電離しやすく，強い塩基であることを表す．また，次のように pK_b を定義すると，K_b の大小関係を比較しやすくなるためよく用いられる．

$$pK_b = -\log_{10}\frac{K_b}{\text{mol/L}}$$

K_b の値が大きい，つまり pK_b の値が小さいほど強い塩基であることを表す．主な塩基の K_b および pK_b の値を**表13.2**に示す．

表13.2　主な塩基の K_b および pK_b

名称	化学式	$K_b/\text{mol·L}^{-1}$	pK_b
アニリン	$C_6H_5HN_2$	5.2×10^{-10}	9.28
アンモニア	NH_3	2.9×10^{-5}	4.54
メチルアミン	CH_3HN_2	3.2×10^{-4}	3.49

K_b の値を用いると，塩基の水溶液の水酸化物イオン濃度や pH を求めることができる．

【例】c〔mol/L〕のアンモニア水

アンモニアの電離度を α とすると，電離平衡時の各成分のモル濃度は次のようになる（**図13.2**）．なお，通常水の電離度は非常に小さいため，水の電離で生じる OH^- のモル濃度は無視できる．

	NH_3	$+$	H_2O	$\rightleftharpoons$	NH_4^+	$+$	OH^-
電離前	c				0		0
変化量	$-c\alpha$				$+c\alpha$		$+c\alpha$
平衡時	$c(1-\alpha)$				$c\alpha$		$c\alpha$

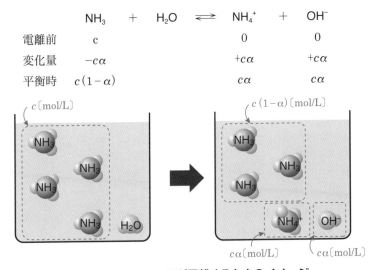

図13.2　アンモニアが電離するときのイメージ

これらのモル濃度を $K_b = \dfrac{[NH_4^+][OH^-]}{[NH_3]}$ に代入すると

$$K_{\mathrm{b}} = \frac{c\alpha \times c\alpha}{c(1-\alpha)} = \frac{c\alpha^2}{1-\alpha}$$

0.1 mol/L 程度のアンモニア水であれば，アンモニアの電離度は非常に小さいので，$1-\alpha \fallingdotseq 1$ と近似すると

$$K_{\mathrm{b}} = c\alpha^2 \qquad \boxed{\boldsymbol{\alpha = \sqrt{\dfrac{K_{\mathrm{b}}}{c}}}}$$

よって，水酸化物イオン濃度$[\mathrm{OH^-}]$は

$$\boxed{[\mathrm{OH^-}] = \boldsymbol{c\alpha = \sqrt{cK_{\mathrm{b}}}}}$$

例題 13.2

0.10 mol/L のアンモニア水について，次の (1)，(2) に答えよ．ただし，アンモニアの塩基解離定数を $K_{\mathrm{b}} = 2.9 \times 10^{-5}$ mol/L，水のイオン積を $K_{\mathrm{w}} = 1.0 \times 10^{-14}$ $(\mathrm{mol/L})^2$ とする．

(1) アンモニアの電離度はいくらか．

(2) pH はいくらか．

解答　(1) 1.7×10^{-2}　　(2) 11.23

▶▶ 解説 ⋯⋯⋯⋯⋯⋯⋯⋯⋯⋯⋯⋯⋯⋯⋯⋯⋯⋯⋯⋯⋯⋯⋯⋯⋯⋯⋯⋯⋯

(1) $\alpha = \sqrt{\dfrac{K_{\mathrm{b}}}{c}} = \sqrt{\dfrac{2.9 \times 10^{-5}\ \mathrm{mol/L}}{0.10\ \mathrm{mol/L}}} = 1.70 \times 10^{-2}$

(2) $[\mathrm{OH^-}] = \sqrt{cK_{\mathrm{b}}} = \sqrt{0.10\ \mathrm{mol/L} \times 2.9 \times 10^{-5}\ \mathrm{mol/L}}$
$\qquad\qquad = 1.70 \times 10^{-3}\ \mathrm{mol/L}$

$\quad [\mathrm{H^+}] = \dfrac{K_{\mathrm{w}}}{[\mathrm{OH^-}]} = \dfrac{1.0 \times 10^{-14}\ (\mathrm{mol/L})^2}{1.70 \times 10^{-3}\ \mathrm{mol/L}} = 5.88 \times 10^{-12}\ \mathrm{mol/L}$

$\quad \mathrm{pH} = -\log_{10}(5.88 \times 10^{-12}) = 12 - 0.769 = 11.231$

または

$\quad \mathrm{pOH} = -\log_{10}(1.70 \times 10^{-3}) = 3 - 0.230 = 2.770$

$\quad \mathrm{pH} = 14 - 2.770 = 11.230$

13.1.4　弱酸，弱塩基の塩の水溶液

酢酸ナトリウム水溶液は塩基性を示す．これは，酢酸ナトリウムの溶解で生じた酢酸イオンが次のように水と反応することで水酸化物イオンを生じるためである．

$$CH_3COO^- + H_2O \rightleftharpoons CH_3COOH + OH^-$$

これは，酢酸が弱い酸であり，その共役塩基である酢酸イオンが塩基として作用するためである．このような反応を**塩の加水分解**（hydrolysis of salt）という．

13.1.5 K_a と K_b の関係 NEW

酸解離定数 K_a と塩基解離定数 K_b の間には共役関係がある．たとえば，酢酸 CH_3COOH の K_a とその共役塩基である酢酸イオンの K_b を考える．

$$CH_3COOH \rightleftharpoons CH_3COO^- + H^+ \qquad K_a = \frac{[CH_3COO^-][H^+]}{[CH_3COOH]}$$

$$CH_3COO^- + H_2O \rightleftharpoons CH_3COOH + OH^- \qquad K_b = \frac{[CH_3COOH][OH^-]}{[CH_3COO^-]}$$

K_a と K_b の積は

$$K_a \times K_b = \frac{[CH_3COO^-][H^+]}{[CH_3COOH]} \times \frac{[CH_3COOH][OH^-]}{[CH_3COO^-]} = [H^+][OH^-]$$

$[H^+][OH^-] = K_w$ より

$$K_a \times K_b = K_w$$

つまり，K_a と K_b の積は水のイオン積 K_w と等しいことがわかる．また，両辺を $(mol/L)^2$ で除してから，常用対数をとって符号を変えると

$$-\log_{10} \frac{K_a}{mol/L} - \log_{10} \frac{K_b}{mol/L} = -\log_{10} \frac{K_w}{(mol/L)^2}$$

25 ℃では $K_w = 1.0 \times 10^{-14} \, (mol/L)^2$ なので，

$$pK_a + pK_b = -\log_{10}(1.0 \times 10^{-14}) = 14.00$$

よって，pK_a と pK_b の和は常に 14.00 になることがわかる．

これらの関係式より，K_a が大きくなれば K_b が小さくなり，K_a が小さくなれば K_b が大きくなることがわかる．これは，強い酸の共役塩基は弱く，弱い酸の共役塩基は強いことと対応している．

例題 13.3

0.10 mol/L の酢酸ナトリウム水溶液の pH を求めよ．ただし，酢酸の酸解離定数を $K_a = 2.7 \times 10^{-5}$ mol/L，水のイオン積を $K_w = 1.0 \times 10^{-14}$ (mol/L)^2 とする．

解答　8.79

▶▶ 解説 ⋯⋯⋯⋯⋯⋯⋯⋯⋯⋯⋯⋯⋯⋯⋯⋯⋯⋯⋯⋯⋯⋯⋯⋯⋯⋯⋯⋯⋯⋯⋯⋯

酢酸の酸解離定数を K_a，酢酸イオンの塩基解離定数を K_b，水のイオン積を K_w とすると，$K_a \times K_b = K_w$ より

$$K_b = \frac{K_w}{K_a}$$

$$[\text{OH}^-] = \sqrt{cK_b} = \sqrt{c\frac{K_w}{K_a}}$$

$$= \sqrt{0.10 \text{ mol/L} \times \frac{1.0 \times 10^{-14} \text{ (mol/L)}^2}{2.7 \times 10^{-5} \text{ mol/L}}} = 6.09 \times 10^{-6} \text{ mol/L}$$

$$[\text{H}^+] = \frac{K_w}{[\text{OH}^-]} = \frac{1.0 \times 10^{-14} \text{ (mol/L)}^2}{6.09 \times 10^{-6} \text{ mol/L}} = 1.64 \times 10^{-9} \text{ mol/L}$$

$$\text{pH} = -\log_{10}(1.64 \times 10^{-9}) = 9 - 0.215 = 8.785$$

または，

$$\text{pOH} = -\log_{10}(6.09 \times 10^{-6}) = 6 - 0.785 = 5.215$$

$$\text{pH} = 14 - 5.215 = 8.785$$

13.1.6　多塩基酸の電離平衡

電離して H^+ となる H 原子を 1 分子あたりに 2 個以上含む酸を**多塩基酸**（polyprotic acid）という．多塩基酸では，それぞれの電離の段階に酸解離定数が存在する．たとえば，三価の酸 H_3A は次のように 3 段階で電離し，それぞれの電離の段階の酸解離定数を $K_{a1} \sim K_{a3}$ として表す．

$$\text{H}_3\text{A} \rightleftharpoons \text{H}_2\text{A}^- + \text{H}^+ \qquad K_{a1} = \frac{[\text{H}_2\text{A}^-][\text{H}^+]}{[\text{H}_3\text{A}]}$$

$$\text{H}_2\text{A}^- \rightleftharpoons \text{HA}^{2-} + \text{H}^+ \qquad K_{a2} = \frac{[\text{HA}^{2-}][\text{H}^+]}{[\text{H}_2\text{A}^-]}$$

$$\text{HA}^{2-} \rightleftharpoons \text{A}^{3-} + \text{H}^+ \qquad K_{a3} = \frac{[\text{A}^{3-}][\text{H}^+]}{[\text{HA}^{2-}]}$$

多塩基酸の酸解離定数は，段階が進むごとに $K_{a1} > K_{a2} > K_{a3}\cdots$ と小さくなっていく．これは，電離が進むにつれて電離で生じるイオンがもつ負電荷が大きくなり，H^+ が離れにくくなるためである．

表 13.3　主な多塩基酸の K_a

名称	化学式	$K_{a1}/\mathrm{mol \cdot L^{-1}}$	$K_{a2}/\mathrm{mol \cdot L^{-1}}$	$K_{a3}/\mathrm{mol \cdot L^{-1}}$
硫酸	H_2SO_4	1.9×10^3	1.0×10^{-2}	
シュウ酸	$H_2C_2O_4$	9.1×10^{-2}	1.5×10^{-4}	
リン酸	H_3PO_4	1.5×10^{-2}	2.3×10^{-7}	3.5×10^{-12}
炭酸	H_2CO_3	4.5×10^{-7}	4.7×10^{-11}	
硫化水素	H_2S	1.3×10^{-7}	3.3×10^{-14}	

主な多塩基酸の各段階における K_a の値を**表 13.3** に示す.

例題 13.4

水に硫化水素を吹き込んで硫化水素水を作ったところ, $[H_2S] = 0.10\ \mathrm{mol/L}$ の水溶液となった. この水溶液について, 次の (1), (2) に答えよ. ただし, 硫化水素の酸解離定数は $K_{a1} = 1.3 \times 10^{-7}\ \mathrm{mol/L}$, $K_{a2} = 3.3 \times 10^{-14}\ \mathrm{mol/L}$ とする.

(1) この水溶液の pH はいくらか.

(2) この水溶液中の硫化物イオンのモル濃度 $[S^{2-}]$ はいくらか.

解答　(1) 3.94　　(2) $3.3 \times 10^{-14}\ \mathrm{mol/L}$

▶▶ 解説

$$K_{a1} = \frac{[HS^-][H^+]}{[H_2S]}\ \cdots \text{①} \qquad K_{a2} = \frac{[S^{2-}][H^+]}{[HS^-]}\ \cdots \text{②}$$

(1) $K_{a1} \gg K_{a2}$ なので, 二段階目の電離で生じる H^+ は非常に少ないと予想される. よって①式において $[H^+] \fallingdotseq [HS^-]$ とできるので,

$$K_{a1} = \frac{[H^+]^2}{[H_2S]}\ \text{より},$$

$$
\begin{aligned}
[H^+] &= \sqrt{[H_2S]K_{a1}} \\
&= \sqrt{0.10\ \mathrm{mol/L} \times 1.3 \times 10^{-7}\ \mathrm{mol/L}} = 1.14 \times 10^{-4}\ \mathrm{mol/L}
\end{aligned}
$$

$$\mathrm{pH} = -\log_{10}(1.14 \times 10^{-4}) = 4 - 0.056 = 3.944$$

(2) ②式において $[H^+] \fallingdotseq [HS^-]$ とすると,

$$[S^{2-}] = K_{a2} = 3.3 \times 10^{-14}\ \mathrm{mol/L}$$

13.2　緩　衝　液

13.2.1　緩衝液と緩衝作用

　弱酸とその共役塩基を含む水溶液や，弱塩基とその共役酸を含む水溶液は，少量の酸や塩基の水溶液を加えても pH があまり変化しない．このような作用を**緩衝作用**（buffer action）といい，緩衝作用のある水溶液を**緩衝液**（buffer solution）という．

　たとえば，酢酸と酢酸ナトリウムの混合水溶液を考える（**図 13.3**）．この混合水溶液に少量の強酸を加えると，酢酸ナトリウムの電離で生じた酢酸イオンが次のように水素イオンと反応するため，水素イオンの濃度はあまり増加しない．

$$CH_3COO^- + H^+ \longrightarrow CH_3COOH$$

　一方，この混合水溶液に少量の強塩基を加えると，酢酸が次のように水酸化物イオンと反応するため，水酸化物イオンの濃度はあまり増加しない．

$$CH_3COOH + OH^- \longrightarrow CH_3COO^- + H_2O$$

　よって，この混合水溶液は緩衝作用を示す緩衝液である．

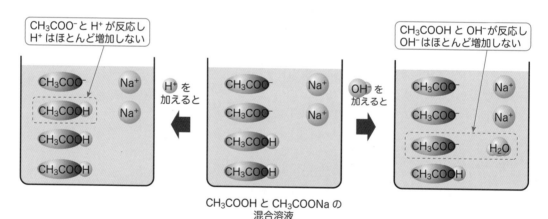

CH$_3$COOH と CH$_3$COONa の
混合溶液

図 13.3　緩衝作用のイメージ

13.2.2　緩衝液の pH

　酢酸と酢酸ナトリウムの混合水溶液中の pH を求めるときは，酢酸水溶液に酢酸ナトリウムを加えて調製したと考えると理解しやすい．

　まず，酢酸は水溶液中ではその一部が電離して電離平衡の状態となるが，通常の濃度であれば電離度は小さい．ここに酢酸ナトリウムを加えることで酢酸イオンの濃度を増加させると，酢酸の電離平衡は酢酸イオンを減少

させる方向（左向き）に平衡が移動し，酢酸の電離度はさらに小さくなる（図13.4）.

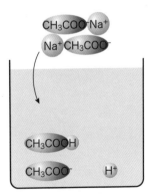

CH₃COONa の電離によって
CH₃COO⁻ の濃度が増加

$$CH_3COONa \longrightarrow CH_3COO^- + Na^+$$
$$CH_3COOH \rightleftarrows CH_3COO^- + H^+$$

CH₃COO⁻ が減少する
方向へ平衡が移動

酢酸水溶液に
酢酸ナトリウムを
加えると…

つまり，酢酸と酢酸ナトリウムの混合水溶液中では，酢酸はほぼ電離せず，酢酸ナトリウムは完全に電離して水溶液中に存在すると考えることができる．このように，ある電解質の水溶液に共通のイオンを含む別の電解質を加えることで平衡が移動し，もとの電解質の電離度や溶解度が小さくなる現象を**共通イオン効果**（common-ion effect）という．

よって，c_a〔mol/L〕の酢酸と c_s〔mol/L〕の酢酸ナトリウムを含む混合水溶液では，[CH_3COOH] および [CH_3COO^-] は次のように近似することができる．

$$[CH_3COOH] \fallingdotseq c_a$$
$$[CH_3COO^-] \fallingdotseq c_s$$

また，この混合水溶液中では酢酸の電離平衡が成り立つので，それぞれのモル濃度と酢酸の酸解離定数 K_a の間には次の関係が成り立つ．

$$\frac{[CH_3COO^-][H^+]}{[CH_3COOH]} = K_a$$

以上より，この混合水溶液中の水素イオン濃度は，c_a, c_s, K_a を用いて次のように表すことができる．

$$[H^+] = \frac{[CH_3COOH]}{[CH_3COO^-]} K_a \fallingdotseq \frac{c_a}{c_s} K_a$$

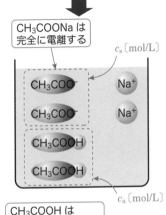

CH₃COONa は
完全に電離する

c_s〔mol/L〕

CH₃COOH は
ほとんど電離しない

c_a〔mol/L〕

図 13.4　酢酸水溶液に酢酸ナトリウム水溶液を加えたときの変化

例題 13.5

0.20 mol/L の酢酸と 0.20 mol/L の酢酸ナトリウムを含む緩衝液について，次の (1) ～ (3) に答えよ．ただし，酢酸の酸解離定数は $K_a = 2.7 \times 10^{-5}$ mol/L，水のイオン積は $K_w = 1.0 \times 10^{-14}$ (mol/L)² とする．

(1) この緩衝液の pH はいくらか．

(2) この緩衝液 100 mL に 5.0×10^{-3} mol の水酸化ナトリウムを加えると，水溶液の pH はいくらになるか．

(3) この緩衝液 100 mL に 4.0×10^{-3} mol の塩化水素を吹き込むと，水溶液の pH はいくらになるか．

解答　(1) 4.57　　(2) 4.79　　(3) 4.39

▶▶ 解説 ………………………………………………………………………

(1) $[\text{H}^+] = \dfrac{c_\text{a}}{c_\text{s}} K_\text{a} = \dfrac{0.20 \text{ mol/L}}{0.20 \text{ mol/L}} \times 2.7 \times 10^{-5} \text{ mol/L} = 2.7 \times 10^{-5} \text{ mol/L}$

$\text{pH} = -\log_{10}(2.7 \times 10^{-5}) = 5 - 0.431 = 4.569$

(2) 緩衝液 100mL に含まれる酢酸および酢酸ナトリウムの物質量は

CH_3COOH：$0.20 \text{ mol/L} \times 0.100 \text{ L} = 0.020 \text{ mol}$

CH_3COONa：$0.20 \text{ mol/L} \times 0.100 \text{ L} = 0.020 \text{ mol}$

5.0×10^{-3} mol の水酸化ナトリウムを加えると，酢酸および酢酸ナトリウムの物質量は次のように変化する．

	CH_3COOH	+	NaOH	$\longrightarrow$	CH_3COONa	+	H_2O
電離前	0.020		0.0050		0.020		
変化量	−0.0050		−0.0050		+0.0050		
平衡時	0.015		0		0.025		

$[\text{H}^+] = \dfrac{c_\text{a}}{c_\text{s}} K_\text{a} = \dfrac{\dfrac{0.015 \text{ mol}}{0.100 \text{ L}}}{\dfrac{0.025 \text{ mol}}{0.100 \text{ L}}} \times 2.7 \times 10^{-5} \text{ mol/L} = 1.62 \times 10^{-5} \text{ mol/L}$

$\text{pH} = -\log_{10}(1.62 \times 10^{-5}) = 5 - 0.209 = 4.790$

(3) 4.0×10^{-3} mol の塩化水素を加えると，酢酸および酢酸ナトリウムの物質量は次のように変化する．

	CH_3COONa	+	HCl	$\longrightarrow$	CH_3COOH	+	NaCl
電離前	0.020		0.0040		0.020		
変化量	−0.0040		−0.0040		+0.0040		
平衡時	0.016		0		0.024		

$[\text{H}^+] = \dfrac{c_\text{a}}{c_\text{s}} K_\text{a} = \dfrac{\dfrac{0.024 \text{ mol}}{0.100 \text{ L}}}{\dfrac{0.016 \text{ mol}}{0.100 \text{ L}}} \times 2.7 \times 10^{-5} \text{ mol/L} = 4.05 \times 10^{-5} \text{ mol/L}$

$\text{pH} = -\log_{10}(4.05 \times 10^{-5}) = 5 - 0.607 = 4.392$

13.3　固体の溶解平衡

13.3.1　固体の溶解平衡

　難溶性の塩を水に加えると，一部が溶けて溶解平衡の状態となる．たとえば，塩化銀の水に対する溶解度は非常に小さく，水に加えると次式で表される溶解平衡の状態となる（図 13.5）．

$$AgCl(s) \rightleftharpoons Ag^+(aq) + Cl^-(aq)$$

平衡状態において Ag^+ と Cl^- のモル濃度の間には次の関係が成り立つ．

$$[Ag^+][Cl^-] = K_{sp}$$

この K_{sp} は**溶解度積**（solubility product）と呼ばれ，温度が一定であれば一定の値をとる．主な塩の溶解度積を**表 13.4** に示す．

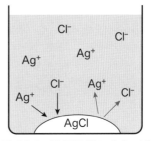

図 13.5　溶解平衡のイメージ

表 13.4　主な難溶性の塩の K_{sp}

名称	化学式	K_{sp}
塩化銀	AgCl	$1.8 \times 10^{-10} \, (mol/L)^2$
ヨウ化銀	AgI	$2.1 \times 10^{-14} \, (mol/L)^2$
炭酸カルシウム	$CaCO_3$	$6.7 \times 10^{-5} \, (mol/L)^2$
硫酸バリウム	$BaSO_4$	$9.2 \times 10^{-11} \, (mol/L)^2$
硫化亜鉛	ZnS	$2.2 \times 10^{-18} \, (mol/L)^2$
硫化鉄(II)	FeS	$3.7 \times 10^{-19} \, (mol/L)^2$
硫化銅(II)	CuS	$6.5 \times 10^{-30} \, (mol/L)^2$
クロム酸銀	Ag_2CrO_4	$3.6 \times 10^{-12} \, (mol/L)^3$

　一般に，難溶性の塩 A_aB_b が溶解平衡の状態にあるとき，その溶解度積を K_{sp} とすると，次の式が成り立つ．

$$A_aB_b(s) \rightleftharpoons aA^{m+}(aq) + bB^{n-}(aq) \text{ において，} \boxed{[A^{m+}]^a[B^{n-}]^b = K_{sp}}$$

例題 13.6

次の (1)，(2) に答えよ．ただし，塩化銀 AgCl の溶解度積を 1.8×10^{-10} $(mol/L)^2$ とする．

(1) 純水に十分な量の塩化銀を加えた場合，銀イオンのモル濃度は何 mol/L になるか．

(2) 0.10 mol/L の塩酸に十分な量の塩化銀を加えた場合，銀イオンのモル濃度は何 mol/L になるか．

解答　(1) 1.3×10^{-5} mol/L　　(2) 1.8×10^{-9} mol/L

▶▶ 解説 ‥‥‥‥‥‥‥‥‥‥‥‥‥‥‥‥‥‥‥‥‥‥‥‥‥‥‥‥‥‥‥‥‥‥‥‥‥‥‥

(1) AgCl が溶解すると等しい物質量の Ag^+ と Cl^- が水溶液中に放出されるので，$[Ag^+] = x$〔mol/L〕とすると，$[Cl^-] = x$〔mol/L〕となる．また，溶解平衡の状態にあるときには $[Ag^+][Cl^-] = K_{sp}$ が成り立つので

$$x^2 = K_{sp}$$
$$x = \sqrt{K_{sp}} = \sqrt{1.8 \times 10^{-10} \ (\text{mol/L})^2} = 1.34 \times 10^{-5} \ \text{mol/L}$$

(2) AgCl を加える前の塩酸中には HCl の電離で生じた 0.10 mol/L の Cl^- が含まれる．ここに AgCl が溶解することで，等しい物質量の Ag^+ と Cl^- が水溶液中に放出されるので，$[Ag^+] = y$〔mol/L〕とすると

$$[Cl^-] = 0.10 \ \text{mol/L} + y$$

AgCl の溶解度はもともと小さいが，Cl^- の存在によって溶解平衡はさらに左に移動し，$[Ag^+]$ は (1) で求めた $x = 1.3 \times 10^{-5}$ mol/L よりもさらに小さくなる．つまり，$y \ll 0.10$ mol/L であり，$[Cl^-]$ は次のように近似できる．

$$[Cl^-] \fallingdotseq 0.10 \ \text{mol/L}$$

また，溶解平衡の状態にあるときは $[Ag^+][Cl^-] = K_{sp}$ が成り立つので

$$y \times 0.10 \ \text{mol/L} = 1.8 \times 10^{-10} \ (\text{mol/L})^2$$
$$y = 1.8 \times 10^{-9} \ \text{mol/L}$$

つまり，確かに $y \ll 0.10$ mol/L であり，$[Cl^-] \fallingdotseq 0.10$ mol/L の近似が妥当であることが確かめられた．

章末問題

１ ある濃度の酢酸水溶液 10.0 mL に 0.0500 mol/L の水酸化ナトリウム水溶液を加えていくと，次のように pH が変化した．その結果，水酸化ナトリウム水溶液を 20.00 mL 加えたところで中和点に達したことがわかった．これについて，次の (1) ～ (6) に答えよ．ただし，水溶液を混合した後の体積は，混合する前の水溶液の体積の和に等しいものとする．必要があれば次の値を用いること．

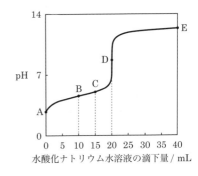

水酸化ナトリウム水溶液の滴下量 / mL

酢酸の酸解離定数　$K_a = 2.7 \times 10^{-5}$ mol/L

水のイオン積　$K_w = 1.0 \times 10^{-14}$ $(mol/L)^2$

(1) 酢酸水溶液のモル濃度は何 mol/L か.

(2) 点 A (滴下量 0 mL) の pH はいくらか.

(3) 点 B (滴下量 10.00 mL) の pH はいくらか.

(4) 点 C (滴下量 15.00 mL) の pH はいくらか.

(5) 点 D (滴下量 20.00 mL) の pH はいくらか.

(6) 点 E (滴下量 40.00 mL) の pH はいくらか.

2 次の(1) 〜 (4)に答えよ. ただし, 必要があれば次の値を用いること.

アンモニアの塩基解離定数　$K_b = 2.9 \times 10^{-5}$ mol/L

水のイオン積　$K_w = 1.0 \times 10^{-14}$ $(mol/L)^2$

(1) 0.10 mol/L のアンモニア水 100 mL に, 0.10 mol/L の塩酸 50 mL を加えた水溶液の pH はいくらか.

(2) (1)でつくった水溶液に, 0.10 mol/L の塩酸 10 mL を加えた水溶液の pH はいくらか.

(3) (1) でつくった水溶液に, 0.10 mol/L の水酸化ナトリウム水溶液 30 mL を加えた水溶液の pH はいくらか.

(4) 0.10 mol/L のアンモニア水 100 mL に, 0.10 mol/L の塩酸 100 mL を加えた水溶液の pH はいくらか.

3 水に溶解する二酸化炭素のモル濃度 $[CO_2]$ は, 接している気体に含まれる二酸化炭素の分圧 P_{CO_2} に比例する. このときの比例定数を k とすると, 次式で表される.

$$[CO_2] = kP_{CO_2} \qquad k = 3.0 \times 10^{-7} \text{ mol/(L·Pa)}$$

また, 水に溶解した二酸化炭素は二段階で電離して平衡状態となる. それぞれの電離定数を K_{a1}, K_{a2} とする.

$$CO_2 + H_2O \rightleftharpoons HCO_3^- + H^+$$

$$\frac{[HCO_3^-][H^+]}{[CO_2]} = K_{a1} = 4.5 \times 10^{-7} \text{ mol/L}$$

$$HCO_3^- \rightleftharpoons CO_3^{2-} + H^+$$

$$\frac{[CO_3^{2-}][H^+]}{[HCO_3^-]} = K_{a2} = 4.7 \times 10^{-11} \text{ mol/L}$$

(1) 二酸化炭素を体積百分率で 0.040 ％ 含む大気中（大気圧 1.00×10^5 Pa）に純水を放置すると, pH はいくらになるか. ただし, 二酸化炭素の溶解以外の影響は考えないものとする.

(2) 血液中に含まれる二酸化炭素は, 血液の pH を一定に保つ役割もあ

る．pH を 7.40 に保つためには，$[HCO_3^-]$ を何 mol/L にすればよい
か．ただし，血液には 5.0×10^3 Pa の分圧で二酸化炭素が触れてい
る水溶液と同じ濃度で二酸化炭素を含むものとする．

4 水に難溶な塩である硫酸バリウム $BaSO_4$ に関する次の (1) ～ (4) に答
えよ．ただし，$BaSO_4$ の溶解度積は $K_{sp} = 9.2 \times 10^{-11}$ $(mol/L)^2$ とする．
(1) 硫酸バリウムの飽和水溶液のモル濃度は何 mol/L か．
(2) 0.10 mol/L の希硫酸 2.0 L に溶かすことができる硫酸バリウムは何
mol か．
(3) 1.6×10^{-5} mol/L の硫酸ナトリウム水溶液と，1.6×10^{-5} mol/L の塩
化バリウム水溶液を同体積ずつ混合したとき，水溶液中のバリウム
イオンのモル濃度は何 mol/L になるか．
(4) 0.40 mol/L の硫酸ナトリウム水溶液と，0.20 mol/L の塩化バリウム
水溶液を同体積ずつ混合したとき，水溶液中のバリウムイオンのモ
ル濃度は何 mol/L になるか．

5 Cu^{2+}，Fe^{2+} をそれぞれ 1.0×10^{-4} mol/L ずつ含む水溶液に対して，下の
操作 1，2 を順に行った．これについて，(1) ～ (3) に答えよ．なお，
硫化水素を吹き込んで飽和させた場合，pH の値によらず $[H_2S] = 0.10$ mol/L になるものとする．また，一連の操作で水溶液の体積は変
化しないものとする．必要であれば次の値を用いること．
　　H_2S の電離定数　$K_{a1} = 1.3 \times 10^{-7}$ mol/L　　　$K_{a2} = 3.3 \times 10^{-14}$ mol/L
　　CuS の溶解度積　$K_{sp}(CuS) = 6.5 \times 10^{-30}$ $(mol/L)^2$
　　FeS の溶解度積　$K_{sp}(FeS) = 3.7 \times 10^{-19}$ $(mol/L)^2$

操作 1　水溶液の pH を 2.0 に保ちながら硫化水素を吹き込んで飽和させ
たところ，一方の金属イオン①の硫化物が沈殿した．

操作 2　水溶液に硫化水素を吹き込んで飽和させながら pH を 2.0 から
徐々に大きくしていったところ，ある pH を超えたところで，もう
一方の金属イオン②の硫化物も沈殿し始めた．
(1) 水溶液の pH を 2.0 に保ちながら硫化水素を吹き込んで飽和させた
とき，S^{2-} のモル濃度は何 mol/L になるか．
(2) 操作 1 終了後の Cu^{2+}，Fe^{2+} のモル濃度はそれぞれ何 mol/L か．
(3) 操作 2 で金属イオン②の硫化物が沈殿し始めたときの pH はいくら
か．
(4) 操作 2 で金属イオン②の硫化物が沈殿し始めたとき，水溶液中に存
在する金属イオン①は，はじめの水溶液に含まれていたうちの何 %
か．

索引

◆ 著者略歴 ◆

青野　貴行　（あおの　たかゆき）

河合塾講師，名城大学農学部非常勤講師
1984 年　　静岡県生まれ
2008 年　　名古屋大学理学部化学科卒業
2010 年　　名古屋大学理学研究科物質理学専攻（化学系）博士前期課程修了
専　攻　　物理化学
趣　味　　スポーツ観戦，スノーボード

大学生のための やさしい化学入門

2023年 3月 31日　　第1版　第1刷　発行	
2024年 3月 1日　　　　　　第2刷　発行	

検印廃止

著　　　者　　青　野　貴　行
発　行　者　　曽　根　良　介
発　行　所　　（株）化 学 同 人

〒600-8074　京都市下京区仏光寺通柳馬場西入ル
編集部　TEL 075-352-3711　FAX 075-352-0371
営業部　TEL 075-352-3373　FAX 075-351-8301
振替　01010-7-5702

e-mail　webmaster@kagakudojin.co.jp
URL　https://www.kagakudojin.co.jp
印刷・製本　（株）シナノ パブリッシングプレス